U0254171

『双碳』目标下火电厂

节水管理与评价

沈明忠　郭新茹——主编

华电综合智慧能源科技有限公司——组编

中国电力出版社
CHINA ELECTRIC POWER PRESS

内 容 提 要

本书依据电力行业节水技术管理要求，结合我国火电厂实际，详细阐述了火电厂的节水指标管理以及如何开展火电厂节水评价工作等。

为了更好地指导火电厂开展节水管理及评价工作，提高火电厂的节水管理水平，根据国家和行业的节水工作要求及火电厂节水工作实际，编写了本书。全书共分为火电厂节水常用名词术语、节水常用计算公式、节水常用技术路线、节水管理台账、节水现状分析、节水技术分析与管理等章节。

本书紧密结合生产实例，实用性强，可作为从事火电厂节水设计、生产运行和技术管理人员的培训及参考用书，尤其可作为火电厂从事节水与水污染防治工作人员的培训用书，也可供相关专业人员及高等院校相关专业师生参考。

图书在版编目（CIP）数据

"双碳"目标下火电厂节水管理与评价/华电综合智慧能源科技有限公司组编；沈明忠，郭新茹主编 . -- 北京：中国电力出版社，2024．10．-- ISBN 978-7-5198-9163-3

Ⅰ．TM621.8

中国国家版本馆 CIP 数据核字第 2024CA9354 号

出版发行：中国电力出版社
地　　址：北京市东城区北京站西街 19 号（邮政编码 100005）
网　　址：http://www.cepp.sgcc.com.cn
责任编辑：畅　舒
责任校对：黄　蓓　王海南
装帧设计：赵丽媛
责任印制：杨晓东

印　　刷：三河市万龙印装有限公司
版　　次：2024 年 10 月第一版
印　　次：2024 年 10 月北京第一次印刷
开　　本：710 毫米×980 毫米　16 开本
印　　张：12.75
字　　数：152 千字
印　　数：0001—1500 册
定　　价：99.00 元

《"双碳"目标下火电厂节水管理与评价》

编 委 会

前　言

能源是人类生存和发展的重要物质基础。我国人口众多，能源资源相对不足，人均拥有量远低于世界平均水平，面临能源资源消耗强度高，消费规模不断扩大，能源供需矛盾越来越突出的问题。电力工业作为国民经济的基础产业和重要的能源行业，自改革开放以来，得到了长足发展。

随着国家新的《环境保护法》《水污染防治行动计划》等各项环保政策的陆续出台，以及《火力发电厂节水导则》《火力发电厂循环水节水技术规范》《火电厂水效指标计算》等一系列行业规范的颁布与实施，对水资源利用提出更高要求，而随着淡水资源的持续短缺，国家环保政策将进一步收紧。因此，提高火电厂水务管理水平，全面掌握全厂用、排水系统的水量、水质，做到"优化用水、梯级利用"，最大限度地合理利用水资源，是节约用水、降低水耗、保护水环境的必然趋势。

在我国火力发电占主导地位，火电厂是工业耗水大户，其中火电厂用水量约占工业用水量的 30%~40%，为了更好地指导火电厂节水工作，提高用水效率，同时提高火电厂的节水管理水平，需要做好水的梯级利用，一水多用、重复利用等工作。

火电厂节水管理评价的意义主要体现在以下几个方面：

保障生产安全：火电厂在生产过程中需要大量的水资源，同时也会产生大量的废水。如果水资源管理不当，可能会引发水污染、水资源短缺等问题，从而影响电厂的正常生产。因此，进行节水与管理评价可以保障火电厂生产过程的安全性。

提高资源利用效率：火电厂所用的水资源并不是一次性使用，而是需要经过多次循环使用。通过节水与管理评价，可以评估水资源的利用效率，发现并改进存在的问题，从而提高水资源的利用效率。

保护环境：火电厂排放的废水如果处理不当，可能会对环境造成严重污染。通过节水与管理评价，可以评估火电厂的环保水平，促进电厂采取更加环保的生产方式，从而保护环境。

促进技术进步：火电厂进行节水与管理评价，可以促进相关技术的不断进步。例如，通过评价可以发现现有技术的不足之处，从而推动技术研发和创新。这不仅可以提高火电厂的生产效率，也可以提高水资源的利用效率。

提升企业竞争力：通过节水与管理评价，火电厂可以采取更加环保、高效的生产方式，从而提高企业的竞争力。在当今社会，环保、节能、高效的生产方式越来越受到人们的关注和认可，采取这些生产方式的企业也更容易获得市场和社会的认可。

综上所述，火电厂节水与管理评价具有重要的意义，不仅可以保障生产安全、提高资源利用效率、保护环境、促进技术进步，还可以提升企业的竞争力。因此，火电厂应该重视节水与管理评价工作，采取有效的措施提高水资源的利用效率、减少废水的排放、保护环境、提高企业竞争力。

根据国家和行业的节水工作要求及火电厂节水工作实际组织编写了本书。本书也对火电厂的节水评价工作进行了详细的阐述，以更好地指导节水工作的开展。

本书在编写过程中得到了华电科工集团有限公司、华电郑州机械设计研究院有限公司等支持，同时也得到行业水处理各位老师、好友的支持，书中不一一列出。在此一并表示感谢。

鉴于编者的水平和时间有限，书中难免会有不妥之处，恳请同行及读者给予批评指正，在此深表谢意。

编　者

2024 年 5 月

目 录

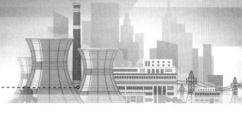

"双碳"目标下火电厂节水管理与评价

随着全球气候变化日趋严峻，减少碳排放、实现碳中和已成为各国共同的目标。中国作为世界上最大的碳排放国，也在积极推进碳减排工作。火电厂作为我国主要的碳排放源之一，其节水管理和评价对于实现"双碳"目标具有重要意义。

一、节水管理重要性

在现代化的工业生产中，火电厂作为能源转换的重要场所，发挥着不可或缺的作用。然而，随着能源消耗的日益增长，水资源短缺问题也日益凸显。火电厂作为高耗水行业，节水管理对于其可持续发展至关重要。

1. 水资源保护

随着全球水资源短缺问题的加剧，合理利用和节约水资源已成为刻不容缓的任务。火电厂作为高耗水行业，通过节水管理可以大大减少对水资源的消耗，有助于保护珍贵的水资源。

2. 节能减排

节水与节能减排息息相关。通过节水管理，火电厂可以减少对能源的依赖，降低生产过程中的能耗，有助于实现节能减排的目标。

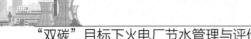

3. 提高经济效益

节约用水可以降低火电厂的生产成本。随着水资源的日益紧缺，水价不断上涨，节约用水可以有效降低生产成本，提高经济效益。

4. 促进可持续发展

节水管理是火电厂可持续发展的重要组成部分。通过合理利用水资源，火电厂可以减少对环境的负面影响，提高环境质量，实现经济、社会和环境的协调发展。

二、节水管理技术

1. 循环冷却水处理技术

循环冷却水处理技术是火电厂节水管理的重要手段之一。通过有效的循环冷却水处理，可以提高冷却效率，减少水的消耗和排放。循环冷却水处理技术主要包括以下几种：

（1）药剂处理技术。药剂处理技术是通过向循环冷却水中投加药剂，使其与水中的杂质发生化学反应，从而起到净化和稳定水质的作用。常用的药剂包括缓蚀剂、阻垢剂、杀菌剂等。这些药剂可以有效抑制水垢的形成，防止设备的腐蚀和微生物的滋生，从而延长设备的使用寿命，保证循环冷却水的正常运行。

（2）微生物控制技术。微生物控制技术是通过控制循环冷却水中的微生物数量和活性，防止微生物在设备上滋生和繁殖，从而避免设备的腐蚀和堵塞。常用的微生物控制方法包括物理方法（如紫外线、超声波等）和化学方法（如氯消毒、溴消毒等）。这些方法可以有效杀灭或抑制微生物的生长，保持循环冷却水的水质稳定。

（3）膜处理技术。膜处理技术是一种新型的循环冷却水处理技术，利用膜的过滤作用将水中的杂质和颗粒物截留下来，从而达到净化和稳定水质的目的。常用的膜处理方法包括反渗透、超滤、微滤等。这些方法可以有效地去除水中的离子、有机物、悬浮物等杂质，提高循环冷却水的品质和运行效率。

2. 废水处理与回用技术

废水处理与回用技术是火电厂节水管理的另一重要手段。通过废水处理和回用，可以减少新鲜水的用量，降低生产成本和环境负担。废水处理与回用技术主要包括以下几种：

（1）物理法处理技术。物理法处理技术是一种基于物理原理的废水处理技术，主要通过沉淀、过滤、分离等手段将废水中的悬浮物、杂质等分离出来。常用的物理法处理方法包括沉淀池、过滤器等。这些方法可以有效地去除废水中的悬浮物和杂质，使废水得到初步净化和稳定。

（2）化学法处理技术。化学法处理技术是一种基于化学原理的废水处理技术，主要通过投加药剂与废水中的有害物质发生化学反应，从而将其转化为无害或低害物质。常用的化学法处理方法包括中和法、氧化还原法等。这些方法可以有效地去除废水中的有害物质，使废水得到深度净化和稳定。

（3）生物法处理技术。生物法处理技术是一种基于生物原理的废水处理技术，主要通过微生物的代谢作用将废水中的有机物转化为无害或低害物质。常用的生物法处理方法包括活性污泥法、生物膜法等。这些方法可以有效地去除废水中的有机物，使废水得到深度净化和稳定。

（4）回用技术。回用技术是将经过处理的废水重新用于生产过程的技术。根据回用的目的和用途不同，回用水的水质要求也不同。常用的回用方法包括直接回用、间接回用和循序回用等。这些方法可以有效地减少新鲜水的用量，降低生产成本和环境负担。

3. 汽水系统优化技术

汽水系统优化技术是火电厂节水管理的关键技术之一，通过优化汽水系统运行参数，可以提高热力系统的热效率，减少水的消耗和排放。汽水系统优化技术主要包括以下几种：

（1）热力系统优化。热力系统优化是对火电厂热力系统进行全面分析和优化的过程，包括对各个热力设备的性能参数、运行状态等进行监测和分析，找出存在的问题和不足之处，采取相应的措施进行改进和优化。通过热力系统的优化，可以提高热力系统的热效率，减少不必要的损失和浪费，从而达到节水的目的。

（2）热力设备改造。热力设备改造是对现有热力设备进行技术改造和升级的过程，通过采用先进的工艺和设备，提高设备的性能和运行效率。例如，采用高效换热器、改进燃烧器等措施，可以提高锅炉的热效率，减少水的消耗和排放。

（3）热力系统仿真与优化软件。热力系统仿真与优化软件是一种基于计算机技术的工具，可以对火电厂热力系统进行建模、仿真和优化分析。通过软件模拟和优化，可以找出最优的运行参数和方案，指导实际运行和维护工作。这些软件不仅可以提高热力系统的运行效率，还可以减少人工干预和误差，提高整个系统的可靠性和稳定性。

三、节水指标评价体系

1. 指标评价体系的构成

火电厂节水管理与评价的指标评价体系主要包括节水技术指标、节水管理指标和环境影响指标三个部分。这些指标相互关联、相互制约，共同构成了火电厂节水管理与评价的指标体系。

（1）节水技术指标。节水技术指标是衡量火电厂在生产过程中的水耗情况的指标，主要包括循环水利用率、单位发电量的水耗、冷却水的回收率等。这些指标能够反映火电厂在节水技术方面的水平和进展，为火电厂的节水管理和技术改进提供依据。

（2）节水管理指标。节水管理指标是评估火电厂在节水方面的管理水平，主要包括水资源管理制度的完善程度、节水措施的执行情况、员工的节水意识和培训情况等。这些指标能够反映火电厂在节水管理方面的重视程度和执行力，为火电厂提高节水管理水平提供指导和帮助。

（3）环境影响指标。环境影响指标是衡量火电厂节水工作对环境影响的指标，主要包括废水排放量、废水处理达标率、水资源利用效率等。这些指标能够反映火电厂在环境保护方面的表现和贡献，为火电厂的环境保护工作提供指导和参考。

2．指标评价体系的意义

建立科学的指标评价体系是火电厂节水管理与评价的基础和关键，其意义主要体现在以下几个方面：

（1）指导火电厂的节水管理工作。通过建立科学的指标评价体系，火电厂可以明确节水管理的目标和发展方向，制定合理的节水计划和措施，提高节水管理的科学性和有效性。同时，通过对比不同时期的指标数据，火电厂可以及时发现节水管理方面的问题和不足之处，采取相应的措施进行改进和完善。

（2）促进火电厂的技术进步和创新。通过节水技术指标的评价，火电厂可以了解自身在节水技术方面的水平和差距，进而采取相应的技术措施进行改进和创新。同时，通过与国内外先进企业的对比，火电厂可以发现自身在技术方面的优势和不足之处，进一步提高自身的技术水平和竞争力。

（3）推动火电厂的可持续发展。通过环境影响指标的评价，火电厂可以了解自身在环境保护方面的表现和贡献，进而采取相应的措施进行改进和完善。同时，通过与国内外先进企业的对比，火电厂可以发现自身在可持续发展方面的优势和不足之处，进一步提高自身的可持续发展水平和社会责任意识。

（4）为政府部门的监管和决策提供依据。政府部门可以通过指标评价体系对火电厂的节水管理和环保工作进行监管和评估，及时发现存在的问题和不足之处，采取相应的措施进行改进和完善。同时，通过对比不同地区、不同企业的指标数据，政府部门可以制定更加科学、合理的产业政策和环保政策，推动整个行业的可持续发展。

四、节水指标评价方法

1. 生命周期评价方法

生命周期评价方法是一种综合性的评价方法，可以对产品或服务的全生命周期进行环境影响评价。在火电厂节水管理与评价中，可以采用生命周期评价方法对各种节水技术的环境影响进行综合评价，从而选择更加环保、高效的节水技术。

（1）确定评价对象和范围。明确评价的对象和范围，包括各种节水技术的生命周期阶段，如原材料获取、生产制造、使用维护、废弃处理等。

（2）清单分析。对每个生命周期阶段进行详细的清单分析，包括各种输入输出物质的种类、数量、来源和去向等。这一步骤旨在全面了解和掌握各种节水技术的资源消耗和环境影响情况。

（3）环境影响评价。根据清单分析结果，对各种节水技术的环境影响进行评价。评价的环境影响包括资源消耗、能源消耗、温室气体排放、水源污染等方面。采用适当的评价方法和指标体系对各种节水技术的环境影响进行评价和比较。

（4）结果解释和方案优化。根据生命周期评价结果，对各种节水技术的优缺点进行分析和解释。针对存在的问题和不足之处，提出优化方案和建议措施，旨在进一步降低各种节水技术的环境影响和提高资源利用效率。同时也可以提出政策建议以改善或改变现行方针、措施、管理机制等，通过调整产业结构和能源结构，推广节能环保的新技术和新产品等手段和政策来有效节约能源、降低碳排放。这些建议可以为政府决策提供科学依据，推动火电厂节水管理和评价工作的进一步发展。

2．能效与排放评估方法

在火电厂节水管理与评价中，能效与排放评估是极其重要的环节。火电厂作为能源密集型产业，其运行过程中不仅消耗大量能源，还会产生一定的排放。因此，对火电厂的能效和排放进行评估，有助于提高其运行效率和减少对环境的影响。以下将对能效与排放评估方法进行详细综述。

（1）能效评估方法。能效评估主要是对火电厂能源利用效率的评价。通过对火电厂的能源利用情况进行监测和分析，可以找出其中的问题和不足，进而采取相应的措施进行改进。能效评估主要包括以下几个方面：

1）能源消耗监测。通过安装能源消耗监测设备，实时监测火电厂的能源消耗情况。这些设备能够实时采集各种能源的消耗数据，如电、水、煤等，为后续的能效分析提供基础数据。

2）能效分析。通过对采集到的能源消耗数据进行深入分析，计算出火电厂的能效指标。这些指标包括但不限于：煤耗率、厂用电率、热效率等。通过对比行业标准和最佳实践，可以找出火电厂在能源利用方面存在的问题和不足之处。

3）设备维护与管理。定期对火电厂的设备进行维护和保养，确保其正常运行。同时，加强设备的管理，优化运行方式，提高设备的运行效率。这有助于减少能源的浪费和提高火电厂的整体能效。

（2）排放评估方法。排放评估主要是对火电厂产生的污染物排放进行监测和评价。通过对排放物的种类、数量、浓度等进行监测和分析，可以评估火电厂对环境的影响程度，并采取相应的措施减少排放。排放评估主要包括以下几个方面：

1）排放监测。通过安装排放监测设备，实时监测火电厂产生的污染物排放情况。这些设备能够实时采集各种排放物的数据，如烟气中的二氧化硫、氮氧化物、颗粒物等。确保数据的准确性和可靠性是评估工作的重要前提。

2）排放评价。根据采集到的排放数据，计算出各种污染物的排放量、排放浓度等指标。通过对比国家和地方的污染物排放标准，可以评估火电厂对环境的影响程度。同时，与行业标准和最佳实践进行对比，可以找出火电厂在污染物排放方面存在的问题和不足之处。

3）减排措施。针对评估中发现的问题和不足之处，采取相应的措施进行改进和完善。例如，采用先进的脱硫、脱硝技术减少烟气中的污染物含量；优化燃烧方式减少氮氧化物的排放；加强设备的维护和管理，减少泄漏和排放等。通过这些措施的实施，可以进一步减少火电厂对环境的影响。

五、节水管理政策建议

在全球应对气候变化的大背景下，我国提出了"双碳"目标，即碳达峰和碳中和。火电厂作为碳排放和水资源消耗的大户，其节水管理与"双碳"目标的实现密切相关。为此，提出以下政策建议以推动火电厂在"双碳"目标下的节水管理工作。

1．强化政策引导与激励机制

应加大对火电厂节水管理的政策引导力度，制定和完善相关政策法规，明确火电厂的节水目标和责任。同时，建立激励机制，通过财政补贴、税收优惠等措施，鼓励火电厂采用先进的节水技术和设备，提高水资源利用效率。

2．加强监管与考核

应加大对火电厂节水管理的监管力度，建立健全监管体系，定期对火电厂的节水情况进行检查和评估。同时，将节水指标纳入火电厂的考核体系，与企业的经济效益和社会责任挂钩，增强企业节水的内生动力。

3．推动技术创新与研发

应加大对火电厂节水技术研发的支持力度，鼓励科研机构和企业加强合作，开展节水技术攻关和创新。鼓励火电厂采用先进的节水技术和设备，提高节水效果和生产效率，同时，推动节水技术的示范应用和推广，加快节水技术在火电厂的普及和应用。

4．建立节水信息共享平台

可以建立节水信息共享平台，收集和发布火电厂的节水数据和经验，促进火电厂之间的信息交流和合作。通过信息共享平台，可以及时发现和解决火电厂节水管理和评价中的问题，提高整个行业的节水水平。

5．加强宣传教育与培训

应加强对火电厂节水管理的宣传教育工作，提高企业和员工对节水重要性的认识。同时，加强节水管理培训，提高火电厂员工的节水意识和技能水平，为火电厂的节水工作提供有力的人才保障。

6．促进水资源综合利用与循环经济发展

应鼓励火电厂开展水资源综合利用工作，将废水、雨水等资源

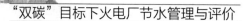

进行回收和再利用。同时，推动火电厂与周边企业、园区等开展水资源共享和循环利用合作，促进循环经济发展和资源节约型社会建设。

　　综上所述，"双碳"目标下火电厂节水管理的政策建议旨在通过政策引导、监管考核、技术创新、宣传教育和水资源综合利用等多方面的措施，推动火电厂在"双碳"目标下的节水管理工作取得实效，为应对全球气候变化和实现可持续发展做出积极贡献。

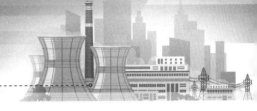

节水常用名词术语

标准中术语定义的意义在于统一特定领域内概念的理解和解释，以实现准确、一致的交流和使用。通过定义，可以明确特定概念的基本含义、外延和使用范围，帮助人们正确理解和运用这些概念，避免出现歧义和误解。在标准化工作中，术语定义是制定标准的基础和重要组成部分，以确保标准的准确性和可读性。节水常用名词术语见表2-1。

表 2-1　　　　　　　　节水常用名词术语

名　称	名　词　解　释
常规水资源	陆地上能够得到且能自然水循环不断得到更新的淡水，包括陆地上的地表水和地下水
非常规水资源	地表水和地下水之外的其他水资源，包括海水、苦咸水和再生水等
节水	通过优化系统设计、加强管理，采取技术可行、经济合理的措施，改进用水方式，提高用水效率，减少浪费，合理利用水资源
取水量范围	取水量范围是指企业从各种水源提取的水量，包括取自地表水（以净水厂供水计量）、地下水、城镇供水、从市场购得的其他水（或水的产品，如蒸汽、热水、地热水等）等常规水源的水量；取自再生水等非常规水源的水量，其中，采用海水（包括海水与淡水的混合水）淡化方式的以进入电厂工业水池的淡水量为准。

续表

名　　称	名　词　解　释
取水量范围	采用直流冷却系统的企业取水量不包括从江、河、湖、海等水体取水用于凝汽器及其他换热器开式冷却并排回原水体的水量;企业从直流冷却水(不包括海水)系统中取水用作其他用途,则该部分应计入企业取水范围;采用海水(包括海水与淡水的混合水,溶解性总固体大于1000mg/L)循环冷却方式的企业,取用的海水量不计入取水量
取水量供给范围	火力发电取水量供给范围包括:主要生产(主机冷却系统用水、锅炉补给水处理系统用水等)、辅助生产(辅机冷却系统用水、脱硫系统用水、燃料系统用水、灰渣系统用水等)和附属生产(消防系统用水、生活用水、绿化用水等)
水效	用单位发电量取水量、单位发电量耗水量、单位发电量废水排放量、单位供电量取水量、单位供电量耗水量、单位供电量废水排放量及浓缩倍数、汽水损失率、循环水排水回收率、全厂废水回用率、供热管网补水率等指标综合反映火电厂或机组对水资源的利用情况
耗水量	在火力发电生产活动中,以各种形式消耗和损失而不能回归到地表水体或地下含水层的水量
单位发电量取水量	统计期内,火电厂生产每单位电量需要从各种水资源提取的水量
单位发电量耗水量	统计期内,火电厂生产每单位电量消耗的水量
单位发电量废水排放量	统计期内,火电厂生产每单位电量需要向外排放的废水量
单位供电量取水量	统计期内,火电厂外供每单位电量需要从各种水资源提取的水量
单位供电量耗水量	统计期内,火电厂外供每单位电量消耗的水量
单位供电量废水排放量	统计期内,火电厂外供每单位电量需要向外排放的废水量
汽水损失率	统计周期内锅炉、汽轮机及热力循环系统由于外泄漏引起的汽、水损失量与锅炉实际总蒸发量的百分比

名　称	名　词　解　释
循环水排水回收率	统计期内，循环水排水用作脱硫、冲灰冲渣、厂区道路喷洒、绿化或经过处理后回用于其他系统的水量与全部循环水排水量的百分比
全厂废水回用率	统计期内，全厂废水回用于其他系统的水量与全部废水量的百分比
水计量器具	用于测量水（包括蒸汽）量的计量器具
水计量器具配备率	水计量器具实际的安装配备数量与测量全部水量所需配备的水计量器具数量的百分比
水计量器具检测率	经检测的水计量器具数量占应检测的水计量器具数量的百分比
水计量器具合格率	经检测合格的水计量器具数量占已检测的水计量器具数量的百分比
水计量器具计量率	在一定的计量时间内，用水单位、次级用水单位、用水设备（用水系统）的水计量器具计量的水量与占其对应级别全部水量的百分比
一级用水系统	火电厂从各种水源地取水至厂内、排水至厂外及外供水、供汽组成的水系统
二级用水系统	火电厂内各系统的供水、排水组成的水系统，主要包括工业水系统、锅炉补给水处理系统、生活水系统、消防水系统等
三级用水系统	火电厂内各二级用水系统中的分/子系统
取水量	取水量是指从各种水源提取的水量
单位发电量取水量	火电厂生产每兆瓦时电量需要从各种水源中提取的水量
装机取水量	按火电厂单位装机容量核定的水量
串用水量	在水质、水温满足要求的条件下，前一系统的排水被直接作为另外系统补充水的水量
回用水量	生产过程中已经使用过的水，其水质、水温再经过适当处理后被回收利用于另外系统的水量

续表

名　称	名　词　解　释
循环水量	在工业系统中用过的水经过适当处理后，仍用于原工艺流程形成循环回路的水量
复用水量	在生产过程中使用两次及两次以上的水量，包括循环水量、串用水量和回用水量
总用水量	完成发电过程所需要的各种水量的总和
消耗水量	水在使用过程中因蒸发、飞散、渗漏、风吹、污泥和灰渣携带、绿化等形式消耗掉的各种水量
排放水率	在一定计量时间内，全厂排放水量占取水量的百分比
重复利用率	在一定的计量时间内，生产过程中的重复水量占总用水量的百分比
总排放水量	火电厂向外部环境排放的水量，包括工业排水量和厂区生活排水量
灰水比	在一定计量时间内，灰水中干灰与水的质量比
不平衡率	总水量与分系统水量之和的相对误差
单位发电量耗水量	火电厂取水量扣除原水预处理系统和再生水深度处理系统的自用水量与发电量的比值
废水回用率	在生产过程中，回收利用的废水总量占电厂产生废水总量的百分比。采用原水冷却的辅机设备排放水不计列为废水
水管理	对发电厂给水、排水进行分配和平衡管理
水量平衡	发电厂的用水经梯级使用，污、废水综合处理复用后，发电厂总补给水量应等于发电厂各系统消耗的水量和发电厂废水排放量之和
设计耗水指标	夏季纯凝工况、频率为 10% 的日平均气象条件，机组铭牌出力时的单位装机容量的耗水流量
未预见水量	发电厂供水系统设计中，对难以预测的各种因素而需要计入的水量
节水型企业	采用先进适用的管理措施和节水技术，经评价用水效率达到国内同行业先进水平的企业

节水常用计算公式

节水计算公式的作用和意义在于通过比较不同节水措施的节水率，可以评估各种节水措施的效果，通过这些公式，可以量化不同节水措施在节约用水方面的具体效果，从而为实际应用提供依据。

此外，节水计算公式还可以用于制定和执行水资源管理策略，以促进水资源的可持续利用。

1. 循环水风吹损失水量

$$Q_F = P_F \times Q \tag{3-1}$$

式中　Q_F——风吹损失水量，m^3/h；

　　　P_F——风吹损失水率，%；

　　　Q——冷却塔循环水量，m^3/h。

冷却塔的风吹损失水率，应按冷却塔的通风方式和收水器的逸出水率以及横向穿越风从塔的进风口吹出的水损失率确定。当缺乏收水器的逸出水率等数据时，可按照表 3-1 规定取值。

表 3-1　　　　　风 吹 损 失 水 率

冷却构筑物类型	机械通风式冷却塔（有收水器）	双筒式（双曲线）冷却塔	
		有收水器	无收水器
P_F	0.2%～0.3%	0.1%	0.3%～0.5%

注　其他类型冷却塔的吹散损失水率参阅相关标准规定。

2. 循环水蒸发损失水量

$$Q_{\mathrm{Z}} = P_{\mathrm{Z}} \times Q \qquad (3\text{-}2)$$

式中 Q_{Z} ——蒸发损失水量，$\mathrm{m^3/h}$；

P_{Z} ——蒸发损失水率，%；

Q ——冷却塔循环水量，$\mathrm{m^3/h}$。

蒸发损失水率可按下式计算

$$P_{\mathrm{Z}} = K_{\mathrm{ZF}} \cdot \Delta t \times 100\%$$

式中 P_{Z} ——蒸发损失水率，%；

K_{ZF} ——蒸发损失系数，$1/^\circ\mathrm{C}$，按表 3-2 的规定采用，当进塔
  干球空气温度在中间值时可采用内插法计算；

Δt ——冷却塔进出水温差，$^\circ\mathrm{C}$。

表 3-2   **蒸发损失系数 K_{ZF}**

进塔干球空气温度（℃）	-10	0	10	20	30	40
K_{ZF}（$1/^\circ\mathrm{C}$）	0.0008	0.0010	0.0012	0.0014	0.0015	0.0016

3. 循环水排水损失水量

$$Q_{\mathrm{p}} = \frac{Q_{\mathrm{Z}} - (\phi - 1)Q_{\mathrm{F}}}{\phi - 1} \qquad (3\text{-}3)$$

式中 Q_{p} ——循环水系统排水，$\mathrm{m^3/h}$；

Q_{Z} ——冷却塔蒸发损失水量，$\mathrm{m^3/h}$；

Q_{F} ——冷却塔风吹损失水量，$\mathrm{m^3/h}$；

ϕ ——循环水浓缩倍数。

4. 循环水排水回收率

$$L_{\mathrm{p}} = \frac{Q_{\mathrm{xh}}}{Q_{\mathrm{zp}}} \times 100\% \qquad (3\text{-}4)$$

$$Q_{\mathrm{zp}} = Q_{\mathrm{xh}} + Q_{\mathrm{xp}} \qquad (3\text{-}5)$$

式中　　L_p——循环水排水回收率，%；

Q_{xh}——在统计期内，电厂对循环水排水直接或间接回用水量，m^3；

Q_{zp}——在统计期内，电厂总的循环水排水量，m^3；

Q_{xp}——在统计期内，电厂循环水外排水总量，m^3。

5. 总用水量、复用水量

$$Q_f = Q_{xh} + Q_{cy} + Q_{hy} \qquad （3-6）$$

$$Q_z = Q_q + Q_f \qquad （3-7）$$

式中　　Q_f——复用水量，m^3/h；

Q_{xh}——循环水量，m^3/h；

Q_{cy}——串用水量，m^3/h；

Q_{hy}——回用水量，m^3/h；

Q_z——总用水量，m^3/h；

Q_q——取水量，m^3/h，当火电厂冷却系统采用直流供水系统时，发电取水量应等于从水源的总取水量中扣除返还水源的排水量（排水水温发生变化、水质没有变化）后的净取水量。

6. 全厂重复利用率、排放水率、废水回用率

$$R = Q_f / (Q_f + Q_q) \times 100\% \qquad （3-8）$$

$$K_p = Q_p / Q_q \times 100\% \qquad （3-9）$$

$$K_f = Q_{fsh} / Q_{fs} \times 100\% \qquad （3-10）$$

式中　　R——重复利用率，%；

K_p——排放水率，%；

Q_p——总排放水量，m^3/h，即火电厂向外部环境排放的水量，包括工业排水量和厂区生活排水量；

K_f ——废水回用率，%；

Q_{fsh} ——全厂回收利用的各类废水总量，m^3/h；

Q_{fs} ——生产过程中产生各类废水总量，m^3/h。

7. 全厂废水回用率

$$L_f = \frac{Q_{fh}}{Q_{zf}} \times 100\% \qquad （3-11）$$

$$Q_{zf} = Q_{fh} + Q_{fp} \qquad （3-12）$$

式中　L_f ——全厂废水回用率，%；

Q_{fh} ——统计周期内的全厂废水的回用水量，m^3；

Q_{zf} ——统计周期内的全厂总的废水量，m^3；

Q_{fp} ——统计周期内的全厂向外排放的废水总量，m^3。

8. 单位发电量取水量

$$V_{ui} = Q_q / W \qquad （3-13）$$

式中　V_{ui} ——单位发电量取水量，m^3/MWh；

Q_q ——统计周期内的取水量，m^3；

W ——统计周期内的发电量，MWh。

9. 单位供电量取水量

$$V_{si} = \frac{Q_q}{W_g} \qquad （3-14）$$

式中　V_{si} ——单位供电量取水量，m^3/MWh；

Q_q ——统计周期内的取水量，m^3；

W_g ——统计周期内的供电量，MWh。

10. 单位发电量耗水量

$$V_{uc} = (Q_q - Q_{zy}) / W \qquad （3-15）$$

式中　V_{uc} ——单位发电量耗水量，m^3/MWh；

Q_q ——统计周期内的取水量，m^3；

Q_{zy} ——原水预处理系统和再生水深度处理系统的自用水量，

m^3/MWh；

W ——统计周期内的发电量，MWh。

11. 单位供电量耗水量

$$V_{sc} = \frac{Q_h}{W_g} \qquad (3-16)$$

式中　V_{sc} ——单位供电量耗水量，m^3/MWh；

Q_h ——统计周期内的耗水量，m^3；

W_g ——统计周期内机组的供电量，MWh。

12. 单位发电量废水排放量

$$V_{gw} = \frac{Q_{fp}}{W_f} \qquad (3-17)$$

式中　V_{gw} ——单位发电量废水排放量，m^3/MWh；

Q_{fp} ——统计周期内的废水排放量，m^3；

W_f ——统计周期内机组的发电量，MWh。

13. 单位供电量废水排放量

$$V_{sw} = \frac{Q_{fp}}{W_g} \qquad (3-18)$$

式中　V_{sw} ——单位供电量废水排放量，m^3/MWh；

Q_{fp} ——统计周期内的废水排放量，m^3；

W_g ——统计周期内机组的供电量，MWh。

14. 全厂不平衡率 σ

$$\sigma = (Q_Z - \sum Q_i) / Q_Z \times 100\% \qquad (3-19)$$

式中　σ ——不平衡率，%；

Q_Z ——全厂总用水量，m^3/h；

$\sum Q_i$ ——各分系统用水量之和，m^3/h。

15. 自用水率、锅炉补水率、汽水损失率

$$L_{zy} = \frac{Q_s - Q_c}{Q_s} \times 100\% \qquad (3-20)$$

$$L_{bs} = Q_{bs} / Q_{gz} \times 100\% \qquad (3-21)$$

$$L_{qs} = Q_{qs} / Q_{gz} \times 100\% \qquad (3-22)$$

式中　L_{zy}——化学水处理系统自用水率，%；

　　　Q_s——进行化学水处理系统的生水水量，m^3/h；

　　　Q_c——化学水处理系统产出的除盐水量，m^3/h；

　　　L_{bs}——锅炉补水率，%；

　　　Q_{bs}——补入锅炉、汽轮机设备及其热力循环系统的除盐水量，m^3/h；

　　　Q_{gz}——锅炉实际蒸发量，m^3/h；

　　　L_{qs}——汽水损失率，%；

　　　Q_{qs}——锅炉、汽轮机及其热力循环系统由于泄漏引起的汽、水损失量，m^3/h。

16. 汽包锅炉排污率

$$L_{pw} = Q_{pw} / Q_{gz} \times 100\% \qquad (3-23)$$

式中　L_{pw}——锅炉排污率，%；

　　　Q_{pw}——锅炉排污水量，m^3/h；

　　　Q_{gz}——锅炉实际蒸发量，m^3/h。

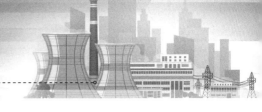

节水常用技术路线

火电厂废水综合利用必须建立在全厂水量平衡的基础上，根据各用户使用水量及水质情况，综合考虑各废水循环利用方向，各分系统综合利用路线如下：

（1）循环水排污水。对于循环水系统，首先应开展循环水动态模拟试验，筛选出可将浓缩倍数调高至 5.0 的优质高效阻垢缓蚀剂，以减少循环水排污水量；虽然继续提高浓缩倍数仍然可以降低排污水量和补充水量，但是降低的幅度较小，同时太高的浓缩倍数不利于凝汽器的安全运行。

对于循环水排污水，目前可采用石灰或石灰-纯碱法去除钙镁硬度，然后进行膜处理，利用选择透过性膜，去除水中的离子、细菌等杂质，使系统出水满足后续用水点的水质要求。循环水排污水综合利用路线见图 4-1。

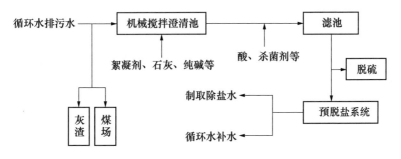

图 4-1　循环水排污水综合利用路线

（2）化学废水。根据化学水处理系统水质的特点，将不同阶段产生的废水分类收集并采取不同的处理方法。

化学废水中最难处理的高含盐量再生废水可以根据原水中氯离子含量来考虑废水处理方式，分两种类型考虑：①当原水中氯离子含量较小时，在保证脱硫塔内浆液氯离子含量不超标的前提下，再生废水可补入脱硫系统；②原水中氯离子含量较高，再生废水若直接补入脱硫系统会导致浆液氯离子含量超标时，需要对再生废水进行分类回收，不含酸碱的再生废水可直接回到锅炉补给水系统进口，高含盐废水可采取终端处理。

化学废水中水质较好的部分，通常直接回用至其他用户或原水预处理系统进口；含泥废水一般经沉淀后上清液回用，污泥经脱水后外运处理。化学废水综合利用路线见图4-2。

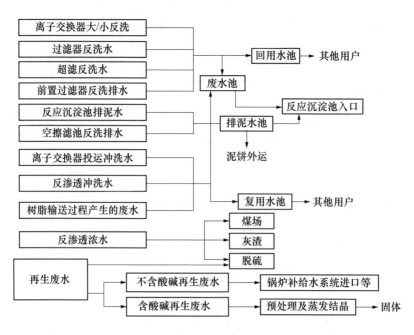

图 4-2　化学废水综合利用路线

（3）生活污水。对于生活污水，应根据各用户的水质特点有针对性地回收利用，减少进入生活污水处理系统的水量；同时对处理后的生活污水进行综合利用。生活污水综合利用路线见图 4-3。

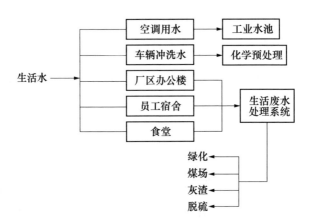

图 4-3　生活污水综合利用路线

（4）灰渣废水。对于灰渣系统，首先建议采用较为节水的干除灰、干除渣方式；若采用湿除灰、湿除渣方式，则灰渣废水处理的最终目的是实现废水的闭式自循环，并优先采用水质较差的回用水源进行补水。灰渣系统循环利用路线见图 4-4。

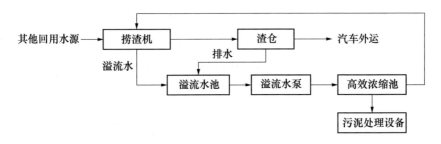

图 4-4　灰渣系统循环利用路线

（5）含煤废水。对于含煤废水处理系统，主要通过以下几方面考虑综合利用问题：

1）通过设备改造，实现含煤废水的闭式自循环。

2）由于煤场喷洒用水、各类冲洗水对水质的要求不高，系统补充水应优先采用水质较差的回用水源,如工业废水、含油废水、循环水排污水等。

3)根据煤场设计情况,未带顶棚的煤场应建立雨水收集滤池,防止下雨期间含煤废水进入雨水系统。

4)由含煤废水产生的煤泥应再送至煤场。含煤废水循环利用路线见图4-5。

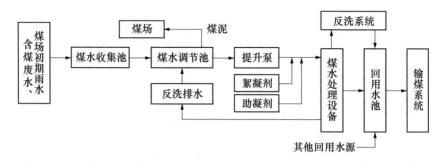

图4-5 含煤废水循环利用路线

(6)含油废水。含油废水处理主要是利用气浮除油技术或一些比表面积大和带空隙构造的材料,将水中的溶解杂质吸附在材料表面上的浓缩过程。

大多数电厂因含油废水较少,系统运行时间较短,电厂应加强对系统的维护保养工作,防止因长时间停运造成设备的锈蚀损坏等。含油废水处理路线见图4-6。

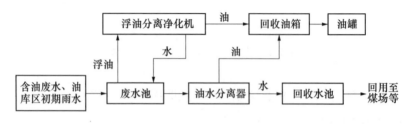

图4-6 含油废水处理路线

(7)脱硫废水。对于脱硫系统用水优化,主要应从脱硫系统补水水源方面考虑，而脱硫废水因其水质的特性，基本不适合回用，主要考虑达标排放或采取末端处理措施。脱硫系统用水及废水处理流程见图4-7。

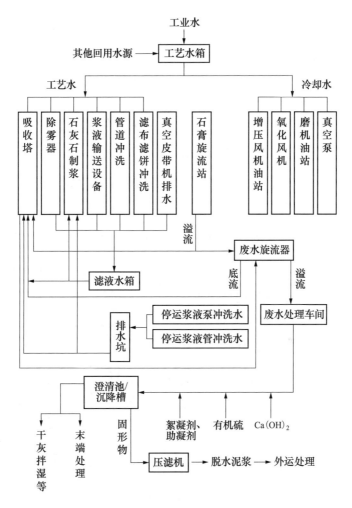

图4-7 脱硫系统用水及废水处理流程

（8）机组排水。机组排水应根据排水水质分类回用：机组启动阶段排水回收至机组排水槽后送至废水处理系统集中进行处理；机组停机排水、凝汽器热井排水、化学仪表取样排水等水质较优，可考虑调整pH后回用至复用水池。机组排水综合利用路线见图4-8。

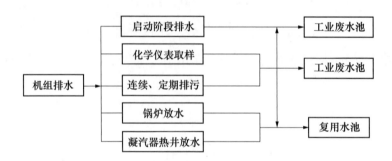

图 4-8　机组排水综合利用路线

（9）非经常性排水。非经常性排水主要包括锅炉化学清洗废水、空气预热器清洗废水等。对于锅炉化学清洗废水，各电厂应要求承担化学清洗任务的单位进行回收处理，确保化学清洗废液不进入电厂的废水处理系统。

对于空气预热器清洗废水，应根据空气预热器上沉积物的种类和性质，将该类清洗废水处理后回用至脱硫、灰渣或煤场喷淋等。非经常性废水处理路线见图 4-9。

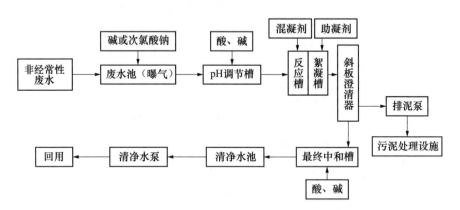

图 4-9　非经常性废水处理路线

第五章

节水管理台账

一、全厂水务管理台账（通用）

系统现状及措施统计、水费（税）台账、主要设备台账、水质台账、药剂台账分别见表 5-1～表 5-5。

表 5-1 系统现状及措施统计

序号	系统名称	环保要求	实际现状	正在开展前期工作	初步改造计划	备注
1						
2						
3						
4						
5						
…						

表 5-2 水费（税）台账

序号	年度	年度发电量（亿 kWh）	各类水取水量（万 m³）	水费（万元）	总排放水量（万 m³）	排污费（废污水）或环保税（万元）	发电水费成本（分/kWh）
1	××××年度		1. 中水 2. 地表水 3. ××水	1. 中水 2. 地表水 3. ××水			

续表

序号	年度	年度发电量（亿 kWh）	各类水取水量（万 m³）	水费（万元）	总排放水量（万 m³）	排污费（废污水）或环保税（万元）	发电水费成本（分/kWh）
2	××××年度						
3	××××年度						
4							
5							
…							

填表说明：1. 不同水源应分别计列。

2. 2018 年 1 月 1 日后依照《中华人民共和国环境保护税法》规定开始征收环境保护税，不再征收排污费。

表 5-3　　　　主 要 设 备 台 账

序号	机组编号	设备名称	设备参数	生产厂家	投运年份	设备现状	备注
1							
2							
3							
4							
5							
…							

填表说明：1. 适用于预处理、循环水、补给水、工业废水、热网补充水、脱硫废水、灰渣水、雨水、消防水等系统。

2. 设备包括不限于泵、水箱、水池、加药设备、离子交换器、膜、分离塔、再生装置等。

3. 泵类填写流量 $Q=x m^3/h$、$H=x m$、$N=x kW$；水箱水池填写容量。

4. 设备现状填写：正常、停用、退役。

28

表 5-4

水 质 台 账

序号	机组编号	处理系统	水样类别	pH值 (25℃)	总硬度 (mmol/L)	全碱度 (mmol/L)	氯离子含量 (mg/L)	电导率 (μS/cm)	悬浮物含量 (mg/L)	备注
1	1	××××	×××入水	最大值: 最小值: 平均值:	最大值: 最小值: 平均值:	最大值: 最小值: 平均值:	最大值: 最小值: 平均值:	最大值: 最小值: 平均值:	最大值: 最小值: 平均值:	
2			×××出水							
3										
4										
…										

填表说明:水质值填写最近年度测定的最小值、最大值、平均值。

表 5-5　　　　　　药 剂 台 账

序号	机组编号	处理系统	药剂名称	药剂单耗量（mg/L）	药剂单价（万元/t）	上年度总用量（t）	年总价（万元）	备注
1								
2								
3								
4								
5								
…								

填表说明：1. 药剂费用取用最近 1 年值。

2. 药剂种类包含循环水直接加药及旁路处理系统加药等。

二、分系统台账

1. 再生水处理系统

再生水处理系统主要参数统计台账、再生水处理系统水质台账分别见表 5-6、表 5-7。

表 5-6

再生水处理系统主要参数统计台账

序号	机组编号	机组容量	上年度发电量	来水种类	处理方式	系统处理能力			排污水量		排放去向	备注
						设计出力（m³/h）	实际最大连续出力（m³/h）	实际处理量（m³/h）	设计值（m³/h）	实际值（m³/h）		
1				中水	澄清							
2				中水	过滤							
3				矿井水	澄清							
4				矿井水	过滤							
5												
…												

填表说明：1. 来水种类如中水、矿井水等。

2. 表中所填数据为上年度小时平均值。

表 5-7　再生水处理系统水质台账

序号	机组编号	处理系统	水样类别	pH值(25℃)	总硬度(mmol/L)	全碱度(mmol/L)	氯离子含量(mg/L)	电导率(μS/cm)	悬浮物含量(mg/L)	生化需氧量COD(mg/L)	氨氮含量(mg/L)	备注
1		澄清	来水水质	最大值: 最小值: 平均值:	最大值: 最小值: 平均值:	最大值: 最小值: 平均值:	最大值: 最小值: 平均值:	最大值: 最小值: 平均值:	最大值: 最小值: 平均值:	最大值: 最小值: 平均值:	最大值: 最小值: 平均值:	
2			出水水质	…	…	…	…	…	…	…	…	
3		过滤	来水水质	…	…	…	…	…	…	…	…	
4			出水水质	…	…	…	…	…	…	…	…	
5												
…												

填表说明：水质值填写上年度测定的最小值、最大值、平均值，以下水质台账类同。

2. 循环水系统

循环水系统主要参数统计台账、循环水系统水质台账分别见表 5-8、表 5-9。

表 5-8

循环水系统主要参数统计台账

序号	机组编号	机组容量	上年度负荷率	冷却方式	补水水源	补水量		排污		旁路处理		回用		循环水量设计值（m³/h）	系统保有水量（m³）	备注
						设计值（m³/h）	实际值（m³/h）	设计值（m³/h）	实际值（m³/h）	设计值（m³/h）	实际值（m³/h）	回用途径	回用量（m³/h）			
1						××（夏季）	××（夏季）	××（夏季）	××（夏季）	××（夏季）	××（夏季）					
2						××（冬季）	××（冬季）	××（冬季）	××（冬季）	××（冬季）	××（冬季）					
3						××（年平均）	××（年平均）	××（年平均）	××（年平均）	××（年平均）	××（年平均）					
4																
5																
…																

表 5-9　　循环水系统水质台账

序号	机组编号	水样类别	pH值(25℃)	总硬度(mmol/L)	全碱度(mmol/L)	氯离子含量(mg/L)	硫酸根离子含量(mg/L)	电导率(μS/cm)	生化需氧量COD(mg/L)	悬浮物含量(mg/L)	氨氮含量(mg/L)	浓缩倍率 试验值	浓缩倍率 年平均值	备注
1		补水水质	最大值: 最小值: 平均值:	最大值: 最小值: 平均值:	最大值: 最小值: 平均值:	最大值: 最小值: 平均值:	最大值: 最小值: 平均值:	最大值: 最小值: 平均值:	最大值: 最小值: 平均值:	最大值: 最小值: 平均值:	最大值: 最小值: 平均值:	—	—	
		循环水水质	…	…	…	…	…	…	…	…	…	—		
2												—	—	
3												—	—	
…														

填表说明:水质值填写上年度测定的最小值、最大值、平均值。

3. 补给水处理系统

补给水处理系统主要参数统计台账、补给水处理系统水质台账分别见表 5-10、表 5-11。

表 5-10　补给水处理系统主要参数统计台账

序号	机组编号	机组容量	上年度负荷率	来水种类	处理方式	系统处理能力			排污水量		回用		备注
						设计出力（m³/h）	实际最大连续出力（m³/h）	实际处理量（m³/h）	设计值（m³/h）	实际值（m³/h）	回用途径	回用量（m³/h）	
1													
2													
3													
4													
5													
…													

填表说明：1. 来水种类如地下水、地表水、再生水等。

2. 处理方式如过滤、预脱盐、脱盐等。

表 5-11　补给水处理系统水质台账

序号	机组编号	处理系统	水样类别	pH值（25℃）	二氧化硅含量（mg/L）	电导率（μS/cm）	备注
1	1	反渗透	进水水质	最大值： 最小值： 平均值：	最大值： 最小值： 平均值：	最大值： 最小值： 平均值：	
			出水水质				
			排水水质				
2	2	离子交换	进水水质				
3			出水水质				
4			排水水质				
5	3	EDI					
…							

填表说明：1. 除盐可分离子交换、反渗透、电除盐 EDI。

2. 水样类别可填进水水质、出水水质、排水水质。

4. 凝结水精处理系统

凝结水精处理系统主要参数统计台账、凝结水精处理系统水质台账分别见表 5-12、表 5-13。

表 5-12

凝结水精处理系统主要参数统计台账

序号	机组编号	机组容量（MW）	设备名称	数量	设计进水量					排水量		排水去向
					设计值（m³/h）	设计出力（m³/h）	最大连续出力（m³/h）	实际处理量（m³/h）	实际值（m³/h）	设计值（m³/h）	实际值（m³/h）	
1			前置过滤器									
2			高速混床									
3												
4												
5												
…												

填表说明：精处理系统流程图作为附件单独提供。

表 5-13

凝结水精处理系统水质台账

序号	机组编号	水样类别	pH值（25℃）	电导率（μS/cm）	备注
1		前置过滤器排水	最大值： 最小值： 平均值：	最大值： 最小值： 平均值：	
2		高混排水			

续表

序号	机组编号	水样类别	pH值（25℃）	电导率（μS/cm）	备注
3		阳塔排水			
4		阴塔排水			
5		废水收集池水质			
…					

填表说明：水质值填写上年度测定的最小值、最大值、平均值。

5. 热网补水系统

热网补水系统主要参数统计台账、热网补水系统水质台账分别见表 5-14、表 5-15。

表 5-14　热网补水系统主要参数统计台账

序号	机组编号	机组容量	热网循环水量（m³/h）	系统水源	处理方式	系统处理能力		排污水量		热网补水量		系统排水		备注
						设计值（m³/h）	实际值（m³/h）	设计值（m³/h）	实际值（m³/h）	设计值（m³/h）	实际值（m³/h）	去向	水量（m³/h）	
1														
2														
3														
4														

续表

序号	机组编号	机组容量	热网循环水量（m³/h）	系统水源	处理方式	系统处理能力		排污水量		热网补水量		系统排水		备注
						设计值（m³/h）	实际值（m³/h）	设计值（m³/h）	实际值（m³/h）	设计值（m³/h）	实际值（m³/h）	去向	水量（m³/h）	
5														
…														

填表说明：工艺流程图作为附件单独提供。

表 5-15　热网补水系统水质台账

序号	机组编号	处理工艺	水样类别	pH值	浊度（FTU）	硬度（mmol/L）	溶解氧量（mg/L）	油含量（mg/L）	备注
1			进水水质	最大值： 最小值： 平均值：	最大值： 最小值： 平均值：	最大值： 最小值： 平均值：	最大值： 最小值： 平均值：	最大值： 最小值： 平均值：	
2			出水水质						
3			排水水质						
4									
5									
…									

填表说明：水质值值填写上年度测定的最小值、最大值、平均值。

6. 热力系统疏放水系统

热力系统疏放水系统主要参数统计台账、热力系统疏放水系统主要设备台账分别见表 5-16、表 5-17。

表 5-16　热力系统疏放水系统主要参数统计台账

序号	机组编号	机组容量	排放量		回用		备注
			设计值（m^3/h）	实际值（m^3/h）	回用途径	回用量（m^3/h）	
1							
2							
3							
4							
5							
...							

填表说明：工艺流程图作为附件单独提供。

表 5-17　热力系统疏放水系统主要设备台账

序号	机组编号	机组容量（MW）	设备名称	设备参数	锅炉排污水量（m^3/h）	回用		备注
						回用途径	回用量（m^3/h）	
1								
2								
3								
4								
5								
...								

填表说明："设备参数"填写各类疏水箱的容积。

7. 工业废水处理系统

工业废水处理系统主要参数统计台账、工业废水处理系统水质台账分别见表5-18、表5-19。

表 5-18　　工业废水处理系统主要参数统计台账

序号	机组编号	机组容量（MW）	废水来源	系统处理能力		排水量		回用		备注
				设计值（m³/h）	实际值（m³/h）	设计值（m³/h）	实际值（m³/h）	回用途径	回用量（m³/h）	
1										
2										
3										
4										
5										
…										

填表说明：1. 工业废水处理系统流程图作为附件单独提供。

　　　　　2. 机组公用系统写明几台公用本系统。

表 5-19　　　　工业废水处理系统水质台账

序号	机组编号	水样类别	pH值（25℃）	电导率（μS/cm）	悬浮物含量（mg/L）	生化需氧量COD（mg/L）	备注
1		进水水质	最大值： 最小值： 平均值：	最大值： 最小值： 平均值：	最大值： 最小值： 平均值：	最大值： 最小值： 平均值：	
2		出水水质					
3							
4							
5							
…							

填表说明：水质值填写上年度测定的最小值、最大值、平均值。

8. 生活污水处理系统

生活污水处理系统主要参数统计台账、生活污水处理系统水质台账分别见表5-20、表5-21。

表 5-20　　生活污水处理系统主要参数统计台账

序号	机组编号	机组容量（MW）	设计进水量		排水量		回用		备注
			设计值（m³/h）	实际值（m³/h）	设计值（m³/h）	实际值（m³/h）	回用途径	回用量（m³/h）	
1									
2									
3									
4									
5									
…									

填表说明：1. 生活污水处理系统流程图作为附件单独提供。

2. 机组公用系统写明几台公用本系统。

表 5-21　　　　生活污水处理系统水质台账

序号	机组编号	水样类别	pH 值（25℃）	悬浮物含量（mg/L）	生化需氧量 COD（mg/L）	氨氮含量（mg/L）	备注
1		来水水质	最大值： 最小值： 平均值：	最大值： 最小值： 平均值：	最大值： 最小值： 平均值：	最大值： 最小值： 平均值：	
2		排水水质					
3							
4							
5							
…							

填表说明：水质值填写上年度测定的最小值、最大值、平均值。

9. 含煤废水系统

含煤废水系统主要参数统计台账、含煤废水系统水质台账分别见表 5-22、表 5-23。

表 5-22　　含煤废水系统主要参数统计台账

序号	机组编号	机组容量（MW）	废水来源	系统处理能力		排水量		回用		备注
				设计值（m³/h）	实际值（m³/h）	设计值（m³/h）	实际值（m³/h）	回用途径	回用量（m³/h）	
1										
2										
3										
4										
5										
...										

填表说明：含煤废水处理系统流程图作为附件单独提供。

表 5-23　　　　含煤废水系统水质台账

序号	机组编号	水样类别	pH 值（25℃）	电导率（μS/cm）	悬浮物含量（mg/L）	生化需氧量 COD（mg/L）	备注
1		进水水质	最大值： 最小值： 平均值：	最大值： 最小值： 平均值：	最大值： 最小值： 平均值：	最大值： 最小值： 平均值：	
2		出水水质					
3							
4							
5							
...							

填表说明：水质值填写上年度测定的最小值、最大值、平均值。

10. 含油废水系统

含油废水处理系统主要参数统计台账、含油废水系统水质台账分别见表 5-24、表 5-25。

表 5-24　含油废水处理系统主要参数统计台账

序号	机组编号	机组容量（MW）	废水水源	废水水量	系统处理能力		回用		备注
					设计值（m³/h）	实际值（m³/h）	回用途径	回用量（m³/h）	
1									
2									
3									
4									
5									
...									

填表说明：1. 含油废水处理系统流程图作为附件单独提供。

2. 机组公用系统写明几台公用本系统。

表 5-25　含油废水系统水质台账

序号	机组编号	水样类别	含油量（mg/L）	电导率（μS/cm）	悬浮物含量（mg/L）	备注
1		进水水质	最大值： 最小值： 平均值：	最大值： 最小值： 平均值：	最大值： 最小值： 平均值：	
2		出水水质				
3						
4						
5						
...						

填表说明：1. 水质值填写上年度测定的最小值、最大值、平均值。

2. 机组公用系统写明几台公用本系统。

11. 脱硫废水系统

脱硫废水系统主要参数统计台账、脱硫废水处理车间排放口水质台账分别见表 5-26、表 5-27。

表 5-26

脱硫废水系统主要参数统计台账

序号	机组编号	机组容量	上年度负荷率	水样种类	补水水源	去向	补水量				排放量	
							设计值（m³/h）	实际值（m³/h）			设计值（m³/h）	实际值（m³/h）
1				工艺水		—	××（冬季）××（夏季）	××（冬季）××（夏季）××（全年平均）			××（冬季）××（夏季）	××（冬季）××（夏季）××（全年平均）
2				工业水								
3				脱硫废水	—							
⋯												

表 5-27

脱硫废水处理车间排放口水质台账

序号	机组编号	吸收塔浆液 Cl⁻ 控制值 (mg/L)		系统处理能力 (m³/h)		pH值 (25℃)	总汞含量 (mg/L)	总镉含量 (mg/L)	总铬含量 (mg/L)	总砷含量 (mg/L)	总铅含量 (mg/L)	总镍含量 (mg/L)	总锌含量 (mg/L)	悬浮物含量 (mg/L)	生化需氧量 COD (mg/L)	氟化物含量 (mg/L)	硫化物含量 (mg/L)	备注
		设计值	实际值	设计值	实际值													
1	1					最大值: 最小值: 平均值:	最大值: 最小值: 平均值:	最大值: 最小值: 平均值:	最大值: 最小值: 平均值:	最大值: 最小值: 平均值:	最大值: 最小值: 平均值:	最大值: 最小值: 平均值:	最大值: 最小值: 平均值:	最大值: 最小值: 平均值:	最大值: 最小值: 平均值:	最大值: 最小值: 平均值:	最大值: 最小值: 平均值:	
2																		
3																		
4																		
5																		
…																		

填表说明：水质值填写上年度测定的最小值、最大值、平均值。

12. 灰渣水处理系统

灰渣水处理系统主要参数统计台账、灰渣水处理系统水质台账见表 5-28、表 5-29。

表 5-28　　灰渣水处理系统主要参数统计台账

序号	机组编号	机组容量（MW）	水样名称	补水来源	用水量或补水量		回用		备注
					设计值（m³/h）	实际值（m³/h）	回用途径	回用量（m³/h）	
1			冲灰水						
2			冲渣水						
3									
4									
5									
…									

填表说明：1. 水处理系统流程图作为附件单独提供。

　　　　　2. 机组公用系统注明公用本系统机组台数。

表 5-29　　　　灰渣水处理系统水质台账

序号	机组编号	水样类别	pH 值（25℃）	悬浮物含量（mg/L）	备注
1		冲灰水	最大值： 最小值： 平均值：	最大值： 最小值： 平均值：	
2		冲渣水			
3					
4					
5					
…					

填表说明：1. 水质值填写上年度测定的最小值、最大值、平均值。

　　　　　2. 机组公用系统注明几台公用本系统。

13. 雨水处理系统

雨水处理系统主要参数统计台账见表 5-30。

表 5-30　　　雨水处理系统主要参数统计台账

序号	是否雨污分流	是否处理	处理方式	排放量设计值（m³/h）	回用		备注
					回用途径	回用量（m³/h）	
1							
2							
3							
4							
5							
…							

14. 生活消防水处理系统

生活消防水处理系统主要参数统计台账见表 5-31。

表 5-31　生活消防水处理系统主要参数统计台账

序号	装机容量	水质种类	全厂定员（人）	用水定额 L/（人·天）	供水量		备注
					设计值（m³/h）	实际值（m³/h）	
1		生活水					
2		消防水					
3							
4							
5							
…							

填表说明：实际供水量为上年度平均值。

节水现状分析

一、火电行业节水背景

我国水资源面临的形势十分严峻，水资源短缺、水污染严重、水生态环境恶化等日益突出，已成为制约经济社会可持续发展的主要瓶颈之一。电力行业是国民经济基础产业，同时也是用水大户，水在火力发电过程中担负着传递能量、冷却及清洁的重要作用。根据中国水资源公报及中国电力企业联合会统计，2015 年火电消耗水量 59.2 亿 m^3，火电用水消耗量（含淡水等常规水资源、中水非常规水资源）占工业用水消耗量（为取水量与废污水排放量及输水的回归水量之差）的 19.1%。由此可以看出，提高电力行业尤其是火电厂的节用水工作水平，对于全国实现水资源管理目标具有现实而重大的意义。

长期以来，电力行业将用水、节水、排水工作作为安全生产的重要组成部分，通过加强管理、不断更新技术开展节水相关工作。2005 ~ 2015 年间，火电用水量和耗水量均呈现先升后降的趋势。

二、火电行业与水关系

火电厂的生产过程是一个能量转化过程，它是利用燃料（煤、

49

石油或天然气等）蕴藏的化学能，通过燃烧变成热能传给锅炉中的水，使水转变为具有一定压力和温度的蒸汽，导入汽轮机，在汽轮机中蒸汽膨胀做功，将热能转变为机械能，推动汽轮机转子旋转，汽轮机转子带动发电机转子一起高速旋转，将机械能转变为电能送至电网。通过火电厂的能量转化过程可以看出，水或水吸收热能后生成的蒸汽是热力系统的工作介质，担负着重要的传递能量的作用。水在火电厂的生产过程中还担负着重要的冷却作用，用以冷却汽轮机排出的蒸汽、冷却转动设备的轴瓦等。水同时还肩负着清洁的作用，湿法或半干法烟气脱硫系统、输煤栈桥喷淋等都不能缺少水。可以说，在火电厂生产过程的各个环节，几乎都离不开水，无论是做功的工质还是冷却的工质都是由水或气态的水来完成的。

1. 火电的需水特性分析

从火电厂的冷却方式来看，采用直流供水系统时，一台装机为1000MW 的火电厂所需要取用的新鲜水量为 35～40m³/s；采用循环供水系统时，一台装机为 1000MW 的火电厂所需要取用的新鲜水量为 0.6～1m³/s。火电厂生产需要足够水量的同时，还需要一定的水质保证。

火电厂生产用水水质依用途不同而异，但总的原则是应尽可能防止在供水系统内产生沉淀、结垢或使金属部件产生磨损和腐蚀。

直流供水时冷凝器冷却水需清除水草杂物和粗硬的砂粒，利用海水时还应有防止水生物滋养的措施。其他用水也不应含有过量的悬浮物。

锅炉补水的水质要求很高，要求尽可能提供水质较好且稳定的原水。

2. 火电对水资源的影响分析

我国工业用水主要集中在火电、纺织、石油化工、造纸、冶金

这几个行业，占到全国工业取水量的 60%~70%，也就是说，仅这
5 个行业用掉了 2/3 的工业用水。在这 5 大行业中，火电是取用水量
最大的行业。根据王志轩等人编著的《能源与电力发展的约束及对
策》，当时的预测"2015~2020 年，华东、华中和南方地区始终都是
我国火电取水量最大的地区，西北、华北地区取水量增长最快，2020
年较 2015 年取水量分别增长了 97.7%和 27.2%，预计到 2020 年，
我国的火电发展与区域水资源更加不匹配，火电产业发展都不同程
度受水资源短缺的约束，尤其是取水增长最快的华北、西北地区"。
2020 年，我国华北、西北区（缺水率达到 7.24%）属严重缺水区，
该区域火电行业将受水资源的约束较强；东北区（缺水率达到
2.19%）、华东、华中和南方区（缺水率达到 1.58%）属轻度缺水区，
火电行业受水资源的约束较弱。

3. 火电厂温排水对水环境影响分析

火电厂采用直流冷却方式时，所排冷却水通常称为温排水，将
其直接排入受纳水体中，使水体水温升高，直接或间接对水生生物
产生影响，对水域造成热污染，若温排水处理不得当可能引起一系
列环境生态问题。具体表现为：

（1）影响水生生物。当温排水使受纳水体增温后，会对水生生
物产生有利或不利方面的影响，改变水生生物群落结构，主要表现
在：在水温较低的春、冬季节，水体增温对群落结构有明显的促进
作用，而在高温的夏季，强增温使群落结构的复合型降低。

（2）影响水质。温度变化会引起水质发生物理化学和生物化学
的变化，温度升高，水的黏度降低、密度减小，水中沉积物的空间
位置和数量会发生变化，导致污泥沉积量增多。水质的改变会引发
一系列问题。

（3）水体富营养化程度加深。一是增温可促进有机物的分解，

51

水中无机盐浓度增高，同时又使水中溶解氧下降，增加黏泥中氮磷的释放；二是增温使水中的浮游植物繁殖加快，生物量明显增加，尤其是喜温的蓝藻、绿藻等，水体极易形成水华。

由此可见，如不加以控制或者充分论证，火电厂温排水对水域环境生态可能有一定影响。各火电厂在建厂前，根据 GB/T 35580—2017《建设项目水资源论证导则》编制水资源论证报告，按照水域生态保护及管理要求，分析退水对水生态系统可能产生的影响，计算水温恢复距离，并采取相应措施，确保温排水对水域生态环境的影响降至最低。

三、火电行业用水现状分析

1. 火电厂给水系统

（1）原水处理系统。全厂原水处理系统主要是通过系列水处理工艺使其达到工业用水标准。典型 2×300MW 纯凝湿冷机组，一般需要 1600～2000m³/h 的原水，原水处理后，作为全厂的工业用水水源，主要用水系统包括：锅炉补给水处理系统、辅机工业冷却水系统、循环水系统补水、消防用水、其他杂用水系统、生活水处理系统。该系统产生 1.5%左右的含泥废水。

（2）锅炉补给水系统。锅炉补给水主要用于水汽循环系统（即锅炉内热力循环系统）中吸收燃料燃烧的化学能并转化为蒸汽，以推动汽轮机做功。释放出热势能的蒸汽（乏汽）在凝汽器内被冷凝成为凝结水，重新进行循环。在循环过程中，因为存在汽水损失，需适量进行补充，以保证循环过程的正常进行。这部分补充水即锅炉补给水。锅炉补充水的补水率按设计规范应控制在锅炉蒸发量的 2%以下，一般火电机组均能够达到此指标要求。但也有个别电厂的全厂平均补水率达到 5%，个别电厂甚至高达 8%以上。

原水经锅炉补给水系统处理后，去除原水中的悬浮物、胶体及溶解性的盐类物质，保证热力系统的安全。按照 1.5% 的汽水损失率计算，需要高纯水量约为 $31m^3/h$，考虑其他用水需求，一般情况下用水量约为 $35m^3/h$。根据系统处理的工艺不同，所产生废水量不等，如采用离子交换，则产生约 $4m^3/h$ 的一类废水、$2m^3/h$ 的三类废水（高含盐）；如采用全膜法处理，一类废水回收后，只产生 $0.2m^3/h$ 的高盐废水。

（3）辅机冷却水。辅机冷却水由于采用的方式不同，需求水量也不同。冷却方法主要有：全闭式水系统，采用除盐水作为冷却介质，通过闭式冷却器将热量带入循环水系统，采用此方式需求的补充水量很少，约 $2m^3/h$，且无外排废水。闭式与开式的混合方式，主要是涉及给水、凝集水系统的密封、冷却的使用闭式冷却水；磨煤机、送风机、引风机等外围设备，采用开式工业水，水量在 350～$500m^3/h$，使用后的排水进入循环水系统的补水（部分复用到其他系统）。

（4）冷却水系统。火电机组的冷却形式分为直流冷却系统和循环冷却系统两种，循环冷却系统又分为密闭式和敞开式循环冷却两种。直流冷却系统是将冷却介质的水工作后直接排放，不作循环，虽用水量大，但其耗水量相对较小，相关标准规定直流水不计入用水统计。密闭式循环冷却水本身在一个完全密闭的系统中循环运行（即空冷机组，分为直接空冷机组和间接空冷机组），冷却水由热交换器获得的热量通过一个表面式冷却器散发至大气中，然后重复使用，该系统基本不需要补充水，用水量少，但造价相对较高。目前应用最广泛的是敞开式冷却水循环系统（即循环冷却机组），该系统为半封闭状态的热交换冷却系统，冷却水由凝汽器获得的热量，直接在冷却塔或其他设备中散发至大气，水与空气直接接触冷却，然后再回到凝汽器中，在运行中水存在有蒸发、风吹、泄漏和排污等损失，故需不断补充水。根据系统采用的冷却方式的不同，对冷却水的水质要求也不同，但最终要满足冷却水系统不结垢、不腐蚀和不堵塞等要求。

循环水系统是全厂用水量、耗水量最大的系统。以纯凝机组为例，浓缩倍数在 3.5 的情况下，最高蒸发量将达到 $1200m^3/h$，排水数量达到 $400m^3/h$，约占全厂用水量的 80%。循环水的排污水一般作为除灰渣、脱硫工艺水水源，其排水量比脱硫工艺用水水量大。

（5）除灰渣系统。早期的电厂多采用水力除渣、干出灰湿排灰系统。主要用水来源有工业水、工业废水、脱硫废水以及灰场返回水。冲灰水量较大，一般情况下有 $200 \sim 400m^3/h$，甚至更多。工业水主要作为捞渣机的冷却水、冲灰泵的密封水，以及炉底水封用水。

目前，大部分电厂采用干除灰系统，通过捞渣机捞进脱水仓脱水后外运，干灰综合利用，基本不用新鲜工业水，由于系统水量不平衡问题和降温需求，存在溢流水，溢流后通过高效浓缩机处理后回用到炉底，溢流水量在 $20 \sim 50m^3/h$。表 6-1 为除灰系统用水量情况统计表。

表 6-1　　　　　　　　除灰系统用水量　　　　　　　　m^3/h

除渣工艺		耗水统计数据			
		2×200MW	2×300MW	2×600MW	2×1000MW
除渣	湿式	10 ~ 30	15 ~ 35	20 ~ 40	25 ~ 45
	干式	4 ~ 10	4 ~ 10	5 ~ 12	10 ~ 20
干式除灰		10 ~ 30	15 ~ 35	20 ~ 40	20 ~ 50
出灰空气压缩机冷却水		60 ~ 100	80 ~ 130	120 ~ 170	220 ~ 280
干灰场喷洒水量		10 ~ 20	10 ~ 20	10 ~ 25	15 ~ 30

注　以上数据均按两台机组用量考虑。

54

（6）脱硫工艺水系统。脱硫工艺水系统用水一般为补充工业水或循环水系统排污水，作为脱硫系统的制浆用水、辅机冷却水、除雾器冲洗水、管路冲洗水及脱硫吸收塔补水，绝大部分电厂将全部用水回收到系统中，一般情况下，$2×300MW$ 燃煤机组的脱硫工艺补水水量为 $130 \sim 160 m^3/h$，其中随烟气蒸发水量最大，约在 $120 m^3/h$，其余为石膏带走损失水量及脱硫废水排放。脱硫废水水量由脱硫工艺水带入到氯离子含量及煤中氯离子含量决定，一般在 $8 \sim 20 m^3/h$。另外，安装 GGH 对于烟气脱硫废水系统减少水消耗有利，未设置 GGH 的脱硫装置用水比设置 GGH 的脱硫装置最高可节约用水 50%。表 6-2 为不同机组脱硫系统耗水量。

表 6-2　　　　　　不同机组脱硫系统耗水量 　　　　m^3/h

脱硫工艺		耗水统计数据			
		2×200MW	2×300MW	2×600MW	2×1000MW
湿法	有 GGH	50~60	70~80	130~170	180~230
	无 GGH	80~90	100~110	190~230	270~320
海水法		20~30	30~40	50~60	70~80
干法（以烟气循环流化床为例）		30~40	50~60	70~80	90~100

注　以上数据都以两台机组统计数据计算，海水法不包括取用量。

（7）输煤系统用水。输煤系统用水主要是煤场喷淋用水及输煤系统保洁用水，一般情况下使用工业水或工业废水作为其水源，但补充水在 $5 \sim 8 m^3/h$。经过输煤系统使用后一部分被消耗，另一部分被收集到含煤废水系统处理。

（8）油系统用水。油系统用水主要用于油泵密封水、油罐夏季消防喷淋用水。正常情况油泵密封水水量约在 $2 m^3/h$，夏季消防喷淋用水为临时用水，平均后水量约为 $3m^3/h$，上述排水进入含油废水处理系统处理回用。

（9）其他用水。主要包括电厂工作人员的生活用水、采暖系统耗水、绿化用水、消防用水等。其中，消防水系统一般用水量较小，正常情况下约 $5m^3/h$，主要是管网渗漏和临时性用水。

2. 火电厂排水系统

火电厂的废水一般由循环水排污水、化学废水、脱硫废水、含油废水、含煤废水、排泥废水、除灰废水、其他工业废水和生活污水等构成。其中循环冷却排污水和除灰废水的排水量较大，占整个火电厂废水的80%左右。其他废水的水量由火电厂的具体用水情况而定。根据火电厂废水的种类、来源、特点及污染因子，分类统计详见表6-3。

表6-3　　火电厂废水种类、来源及特性统计表

序号	废水种类	废水来源	废水特点	污染因子
1	循环水排污水	循环冷却水系统排水	循环冷却水系统排水	悬浮物、TDS（总溶解固体）、硬度、总磷含量、CODcr、浊度
2	化学废水	离子交换器大/小反洗排水	不同时期，水质不同，可根据实际水质情况选择直接回用或简单处理后回用	悬浮物
		过滤器反洗排水		
		超滤反洗水		
		前置过滤器反洗排水		
		反应沉淀池排泥水	含泥量大	泥
		空擦滤池反洗排水		

续表

序号	废水种类	废水来源	废水特点	污染因子
2	化学废水	离子交换器投运冲洗水	水质较好、可直接回用	悬浮物
		反渗透冲洗水		
		树脂输送过程产生的废水		
		反渗透浓水	含盐量大	TDS
		树脂再生废水	pH值超标,含盐量大	pH、悬浮物、浊度
3	生活污水	厂区办公楼排水	有机物含量高,悬浮物含量高,有臭味,细菌数量大	COD、悬浮物、氨氮、异养菌总数
		员工宿舍排水		
		食堂排水	洗涤剂含量高,油含量高	COD、悬浮物、油
		车队排水	含有清洗剂	COD、悬浮物
		空调用水排水	含盐量与生活水基本一致	悬浮物
4	灰渣废水	水力冲灰系统排水	重金属含量高,氟离子含量高,浊度高	悬浮物、pH
		水力除渣系统排水		
5	含煤废水	输煤系统冲洗水	悬浮物含量高,COD值高,色度大,浊度大,电导率高,水质波动大	悬浮物、浊度
		煤场喷洒废水		
		转运站冲洗废水		
6	含油废水	油罐降温喷淋排水	废水还有浮油、分散油、乳化油、溶解油等	石油类、悬浮物
		油罐区地面冲洗水		
		油系统清洗排水		

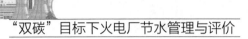

序号	废水种类	废水来源	废水特点	污染因子
7	脱硫废水	脱硫系统排水	重金属含量高，悬浮物、氯、氟离子浓度高	重金属、悬浮物、氯离子、TDS
8	机组排水	机组启动排水	不同时期，水质不同，可根据实际水质情况选择直接回用或简单处理后回用	pH、悬浮物
		化学仪表取样排水	pH 较高，水质较好，可考虑直接回用	pH、悬浮物、废热
		连续、定期排污		
		锅炉放水		
		凝汽器热井放水		
9	非经常性排水	锅炉化学清洗废水	水质成分复杂，不易处理	pH、悬浮物、TDS
		空气预热器清洗废水	悬浮物含量高	pH、悬浮物、TDS

（1）经常性生产废水。正常生产过程中，经常性排水主要有：辅机冷却水、热力系统排水、过滤器反洗排水；厂房冲洗水、含煤废水、含渣废水、含油废水、生活污水、原水预处理站泥水；化学再生废水（酸碱废水、精处理排水）、原水及化学车间反渗透浓水、循环水排污水；脱硫废水等。根据水质特性、处理工艺、分级利用要求等因素，一般分为四类：

1）Ⅰ类排水：包括辅机冷却水、热力系统排水、过滤器反洗排水。此类排水悬浮物及含盐量较低，可不处理或降温等简单处理后回用。空冷机组的辅机冷却水一般设置独立的循环冷却水系统，其排污水可用于脱硫等后续可接纳的生产环节。循环冷却机组的辅机冷却水直接用于循环冷却水补水。热力系统排水可直接用作热网水的补水或降温后作为化学车间进水、循环冷却水补水。过滤器反洗排水宜回收至原处理系统或原水预处理系统。

2）Ⅱ类排水：包括厂房冲洗水、含煤废水、含渣废水、含油废水、生活污水、原水预处理站泥水。此类排水悬浮物或 COD 较高，需经混凝沉淀、气浮、生物法等常规处理后回用。

a. 含煤废水主要来自于输煤栈桥冲洗排水、煤场渗水及煤场的初期雨水，上述含煤废水收集到含煤废水沉淀池，煤泥在沉淀池中沉淀，沉淀后污泥通过抓斗抓出，运煤场回用，沉淀池的上清液再通过絮凝、过滤处理工艺处理后进入清水池，通过输煤回用水泵复用于输煤系统。系统补水主要来自于：工业水、工业废水、生活污水或含油废水。一般情况下，火电厂的含煤废水处理系统设计为 $2\times20m^3/h$ 左右，但系统运行正常却不容易。主要存在的问题：煤泥不能及时有效地清除出系统；废水处理设施因运行负荷高，无法正常运行；水量不平衡，沉淀池经常溢流。

b. 除灰渣水主要来自于工业水、循环水、工业废水及灰场返回水等，冲灰渣后通过渣浆泵送灰场外排或回用。

c. 火电厂的含油废水主要是油泵房区域的油泵密封水、油罐区的喷淋排水及变压器油坑排水等，水量很小，$3\sim5m^3/h$。一般通过气浮处理或离心处理，目前新型的处理工艺是改性膜处理工艺。含油废水经油水分离处理后可用于煤场喷淋、渣仓冲洗补水，或进入工业废水集中处理系统回用。但含油废水处理系统很少有电厂运行正常，主要是水量少，运行管理不重视。

d. 生活污水经生物接触氧化法或曝气生物滤池处理后可用于绿化或回至工业水处理系统、高含盐废水处理系统。有中水深度处理系统的电厂，也可纳入中水深度处理系统处理回用。一般情况下，电厂设计的生活污水处理量为 $2×10m^3/h$。生活水系统的主要问题：生活水用量大，污染因子少，生化系统污染物浓度不够，导致出水水质超标；由于生活污水一般只用于绿化，无法全部回用，导致系统出水存在外排现象，外排水量为 $8\sim15m^3/h$。

e. 厂房冲洗水可经混凝沉淀或气浮处理后回至原水预处理系统。

f. 原水预处理站泥水经脱水处理后滤水返回本系统，泥饼外运。

3）Ⅲ类排水：包括化学再生废水（酸碱废水、精处理排水）、原水及化学车间反渗透浓水、循环水排污水。此类排水含盐量较高需经反渗透等深度处理后回用。循环冷却机组的Ⅲ类水占全厂排水的 70%～80%，是电厂水污染治理的重点。化学再生废水（酸碱废水、精处理排水）可经 pH 调整后用于脱硫工艺水，或进一步软化除盐处理后产水用于化学车间补水，浓水用于脱硫工艺水。原水及化学车间反渗透浓水可用于脱硫工艺水、循环冷却水补水，或进一步软化除盐处理后产水用于化学车间补水。当允许排放时，循环水排污水一般用于脱硫、除灰渣及其他系统，剩余外排，当不允许排放时，循环水排污水优先于脱硫、除灰渣及其他系统，仍有剩余时可经软化除盐处理后产水用于化学车间补水、工业及循环系统补水，浓水用于脱硫系统或根据水质指标进行高含盐废水浓缩处理。

4）Ⅳ类排水：脱硫废水。脱硫废水具有高含盐、高悬浮物的特点，应经中和絮凝澄清处理后综合利用或达标排放，无法综合利用且要求零排放时需特殊处理。此类水是电厂水污染治理的难点。脱硫废水有零排放要求时，可采用蒸发等特殊处理，但处理成本较高。

（2）非经常性排水。非经常性排水主要有：氨站事故喷淋水、化学清洗废水（含有机清洗剂）、空气预热器、省煤器和锅炉烟气侧等设备冲洗排水。上述排水应集中收集后经工业废水处理系统处理回用，处理方案与Ⅱ类排水类似。

四、火电行业用水与耗水统计

根据中国水资源公报及中国电力企业联合会统计，2015年火电直流用水量480.5亿 m^3，消耗水量59.2亿 m^3，合计火电用水539.7亿 m^3，占工业用水总量的40.4%；火电用水消耗量占工业用水消耗量的19.1%，占全国消耗水量的1.8%。此外，约有814.8亿 m^3 的海水直接用于火（核）电的冷却用水。2005~2015年间，火电用水量和耗水量均呈现先升后降的趋势。其中，火电用水量在2013年达到顶峰（约580亿 m^3），当年占工业用水比重为41.2%；与用水量相似，火电耗水量从2005年（约63亿 m^3）开始快速增长，伴随火电发电量的提高在2011年达到顶峰（约91亿 m^3），2015年降至59.2亿 m^3，低于2005年耗水量；火电耗水量占工业耗水量的占比由2011年的25.8%（峰值）降至2015年的19.1%。与2005年相比，2015年火电发电量增长1.1倍，火电耗水量却相应持平，火电单位发电量耗水量由2005年3.1kg/kWh降至2015年的1.4kg/kWh，由此可以看出电力行业在节水工作所付出的巨大努力和取得的成就。2011~2015年工业及火电用水情况见图6-1，2005~2015年火电及工业消耗水量情况见图6-2。

根据中国电力企业联合会统计，火电废水排放量由2005年的20.2亿t降至2015年的2.9亿t，下降85.6%，占全国废水排放量的比例由2005年的2.8%降至2015年0.4%。火电废水排放情况见图6-3。

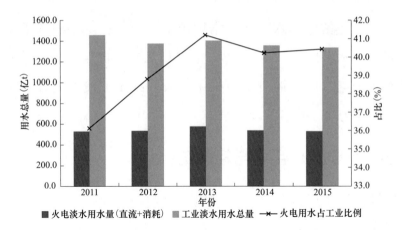

图 6-1　2011～2015 年工业及火电用水情况

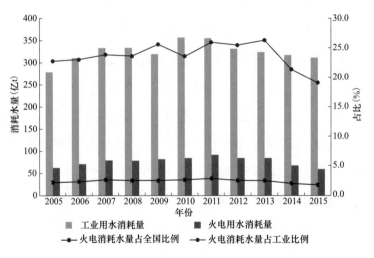

图 6-2　2005～2015 年火电及工业消耗水量情况

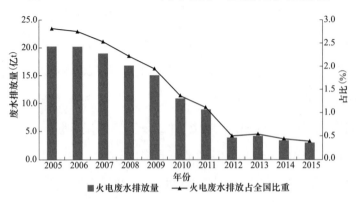

图 6-3　火电废水排放情况

节水技术分析与管理

一、节水技术

1. 循环冷却水节水技术

火电厂冷却系统的选型和冷却用水水源的选择应根据地域、气候和水源条件进行技术经济比较后确定。例如，在靠近煤源且其他建厂条件良好而水资源匮乏的地区，经综合技术经济计算分析后，宜采用空冷式汽轮机组,空冷机组较湿冷机组节水率高达70%以上。在实际运行中，火电厂应根据水源水温和气候条件的季节性变化及机组负荷的高低，对冷却水的用量进行调节。具体的调节手段包括：循环水泵动叶调节、改变循环水泵转速、选择最佳水泵运行台数和调节用水管道阀门开度等。

对于带冷却塔的循环冷却水系统，为控制风吹损失，应在冷却塔中装设具有高效收水效率的除水器。应用于机械通风冷却塔的除水器的收水效率较高，逸出水率可以达到 0.01% ~ 0.001%。以循环冷却水量每小时 10000m³ 为例，风吹损失的设计值为循环水量的 0.5%，当安装逸水率 0.005% 的除水器时，每小时的风吹损失水量由原来的 50m³ 降低到 0.5m³。若年发电小时数为 5000h，则年节水量达到 247500m³，节水效果明显。为控制蒸发损失，应通过调整填料类型和填充方式，优化流场，强化换热效果。

（1）浓缩倍数的控制。对于带冷却塔的循环冷却水系统，浓缩倍数的选择应综合考虑水源条件（水量、水质和水价等）、水处理费用、药品来源和环保要求等因素，并经过经济技术比较后确定。循环冷却水系统的节水程度可以用补水率（即补充水量占循环冷却水量的百分比）来反映。当循环水系统的浓缩倍数由 1.5 上升到 5.0 时，补水率和排污率都急剧降低，节水效果明显；当浓缩倍数由 5.0 提高到 7.0 时，补水率和排污率无明显下降趋势，节水效果不明显；当浓缩倍数大于 7.0 时，提高循环水浓缩倍数几乎无节水效果。

浓缩倍数宜控制在 3 ~ 5 倍。当浓缩倍数控制过低时，在合理范围内提高浓缩倍数可以明显提高节水效果。以循环冷却水量每小时 10000m^3 为例，将浓缩倍数由 2.0 提高到 5.0，每小时的补充水量将降低到 120m^3。若年发电小时数为 5000h，则年节水量达到 600000m^3，节水效果十分明显。

循环水节水方法主要有以下两种：一是循环水旁流处理或补充水预处理，即引出部分循环水或对循环水补充水选择适当的工艺进行过滤、软化或脱盐处理等。二是循环水加水质稳定剂。通过开展循环水动态模拟试验等，选择更高效的水质稳定剂和合理的控制参数。

（2）循环冷却系统排水的重复利用。对于循环冷却水系统，循环排污水含盐量较高，宜通过进一步处理后重复利用。循环排污水处理工艺主要有以下三种：一是石灰处理等工艺，通过对循环水排污水进行化学加药，降低水中硬度和碱度等；二是膜法处理，即通过预处理和超滤/微滤膜等对排污水进行除浊，再通过反渗透膜等进行脱盐；三是离子交换除盐处理，即通过阳、阴树脂进行除盐。

2. 除灰渣系统节水潜力技术分析

（1）除灰渣节水技术。在除灰渣系统中，应大力采用干式除灰渣技术。干式除渣系统主要优点是以无水方式进行炉底灰渣处理，与刮板捞渣机排渣系统相比，干式除渣系统每小时可以节水 $3 \sim 5m^3$，若年发电小时数为 5000h，则年节水量达到 $15000 \sim 25000m^3$，节水效果明显。火电厂若采用湿式除渣系统，则应优先考虑较为节水的刮板捞渣机排渣系统。对于湿式除渣系统，还应通过系统改造实现废水闭式自循环，并优先采用水质较差的回用水源进行补水。

（2）灰渣输送节水技术。在灰渣输送方面，应优先使用气力除灰和干储灰技术。干储灰是和气力除灰的输送系统相配套的储灰方式。这种技术又称为干灰调湿碾压灰场技术，即将送到灰场的干灰经湿式搅拌机调入 $20\% \sim 30\%$ 的水分再由碾压机压实，这种输送和储存方式仅耗去占灰量 $20\% \sim 25\%$ 的湿润水。冲灰系统由水力除灰改为气力除灰加干储灰后，水损失降低到原来的 1/50 之多。以电厂每小时产生灰渣 100t 为例，气力除灰加干储灰技术每小时可以节水 $1000 \sim 1500m^3$，若年发电小时数为 5000h，则年节水量达到 500 万 ~ 750 万 m^3，节水效果十分明显。

火电厂若采用水力除灰系统，则宜采用高浓度灰渣输送，灰水比一般在 1:2.5 左右。高浓度灰渣输送系统能满足距离长、高差大的灰渣输送要求。高浓度灰渣输送除可以大量节约用水外，还有防止或减轻灰管结垢的作用。

3. 其他系统节水潜力技术分析

（1）降低锅炉汽水损失节水技术。纯凝式发电厂的锅炉补给水量等于锅炉排污量和各项汽水损失之和。锅炉补给水系统的节水主要体现在降低锅炉排污率、降低汽水损失和提高锅炉排污水的重复利用率等方面。在降低锅炉排污率方面，应在机组投入运行后采取人工定期手动采样分析和化学在线监督仪表连续分析、锅炉给水加药、炉水加药等方式将汽水品质控制在合格值内，并在此基础上减小连续排污量、减少定期排污次数，并达到降低机组排污率的效果。在降低汽水损失方面，汽水损失主要包括阀门泄漏、管道泄漏、疏水、排汽等。降低汽水损失主要措施有提高检修质量，加强堵漏、消漏，压力管道的连接尽量采用焊接，以减少泄漏；采用完善的疏水系统，按疏水品质分级回收；减少主机、辅机的启停次数，减少启停中的汽水损失等。在提高锅炉排污水的重复利用率方面，锅炉排污水的水质较好，可以经过过滤、除盐处理后回用于补给水系统，或直接作为其他用水系统的补水。

（2）烟气净化系统节水技术。火电厂烟气净化系统的用水单元主要为湿法脱硫系统，尤其对于在缺水地区的空冷机组而言，脱硫系统的节水对于全厂的节水具有至关重要的作用。该系统的主要节水技术如下：

1）改变烟气进出吸收塔的温度差，减少吸收塔内的水分蒸发，即可减少净烟气中的水蒸气含量。如在脱硫系统前加装烟气换热器，通过降低吸收塔入口烟温的方式提高节水效果。据估算，安装烟气换热器的脱硫系统塔内蒸发水量比未安装烟气换热器的降低约37%。以一台 600MW 机组为例，满负荷下烟气每小时从脱硫系统携带走的水蒸气量约 $115m^3$，若按照烟气换热器，则每小时可以节水 $42m^3$ 左右。若按照年发电 5000h 计算，则年节水量达到 $210000m^3$ 左右，节水效果十分明显。但是否安装烟气换热器，应进行技术经济分析。

2）烟道和烟囱的析水回用。吸收塔出口携带有饱和水蒸气的烟气经烟道和烟囱时，烟温逐渐降低，烟气中的水蒸气会析出。一部分水被烟气带出烟囱，另一部分水附着在烟道和烟囱壁上，造成烟道积水问题。将附着在烟道中的水回流收集再利用，可以大大降低 FGD 系统水耗，同时解决烟道积水问题。

3）延长除雾器的冲洗间隔。当锅炉在低负荷下运行时烟气量少，烟气携带的浆液量也减少，冲洗的间隔可适当延长。但冲洗持续时间和冲洗周期的调整需综合考虑保持除雾器清洁和维持系统的水平衡。

4）FGD 系统内部水的循环。石膏脱水后的滤液水可用于石灰石制浆系统，在运行过程中应优先考虑用滤液水制浆；另一方面滤液水还可用于吸收塔液位的调整。水环真空泵密封水收集后可用于滤布、滤饼的冲洗。FGD 系统内部水的循环使用，可以降低 FGD 系统水耗，减少新鲜工艺水的补入。

5）回收电厂部分工业用水作为 FGD 系统工艺水。电厂循环冷却水排水、化学水处理系统再生排水等工艺水，根据各自实际的水质情况，经处理后回用于 FGD 系统工艺用水，提高工业废水回用率，同时减少脱硫系统新鲜工艺水的补加量。

6）优化调整 FGD 运行工况，降低石膏含水率。

（3）城市中水回用技术。目前，中水处理后大多没有进行有效回用，中水回用至火电厂具有潜在的优势。近几年国内已经有越来越多电厂将中水回用至循环冷却水系统中，也有很多电厂已经开始使用中水作为电厂的原水。然而，中水普遍存在有机物和氨氮化合物含量高等特点，因此在中水处理技术中应考虑除有机物及氨氮能力较好的水处理技术，回用中还要考虑设备和管道结垢、抑制微生物生长等技术。国内目前使用中水的电厂预处理系统主要采用生物曝气滤池、石灰处理工艺，超滤、反渗透技术可作为深度处理工艺。

4. 其他用水系统节水技术

火电厂其他用水系统还包括工业用水系统和生活消防用水系统

等。工业用水主要包括厂区杂用水、主厂房杂用水、输煤系统冲洗水等。工业用水在满足条件的前提下宜优先采用其他用水系统的排水，例如输煤系统补充水可以采用循环水排污水或锅炉排污水等。对于这些系统的排水，水质较好的宜通过处理后进行重复利用。生活用水系统包括电厂职工提供生活所必需的饮食、洗漱等用水。火电厂应加强对生活水的管理，提高职工的节水意识，对生活场所宜采用节水型龙头和器具。另外。应加强对生活污水的处理，将处理后的生活污水优先用作绿化。

二、管理分析

1. 水务管理

发电企业应完善水务管理体系建设工作，形成科学的、全面的、可执行的水务管理体系。水务管理体系建设依据 DL/T 1337—2014《火力发电厂水务管理导则》，建立全厂水量平衡、水质监测体系，确定适合各发电企业的节水新技术、工艺，落实节约用水的技术措施，消除不合理用水现象，各用水部门和专业按照水务管理计划完成相关工作。各发电企业应设专业人员负责管理，并完成以下职责和任务：

（1）根据国家和地方的相关政策要求，制定适合本厂的用水制度和考核制度。

（2）按照符合电厂实际情况的水资源综合治理规划和技术路线图，制定本厂的水资源综合治理实施细则。

（3）制定全厂水务计量、监测仪表的配备、维护管理细则，以便根据水务管理的设计思路进行有效管控。

（4）建立台账管理制度。全厂应做好用排水台账、用水计量仪表校验和维护记录台账，用水台账应以实际监测数据为准，数据采集的时间周期应相对稳定。

2．管理方式

健全火电厂水务管理体制，由相关职能管理部门牵头，其他各节水相关部门配合，明确各部门的职责、权限、工作目标，制定工作标准和工作流程细则，通过行政、经济、培训等方法，实现节水工作数据化、系统化、标准化，提升水务管理水平。牵头部门需定期组织其他相关部门，根据本电厂的实际用水情况及现有问题，对各系统需求水量和水质分析，统筹规划各系统合理用水，确保各用水系统高效运行，实现水资源梯级利用，确保排水量最小化和达标化，形成"确定问题—系统分析—方案决策—实施计划"的管理步骤。

节水管理及评价基础工作
——水平衡试验

一、试验目的

水平衡试验是把电厂作为一个确定的用水体系，分析电厂水量分配、消耗及排放之间的平衡关系，是评价合理用水水平的科学办法，也是加强用水科学管理和搞好节水工作的必要手段，更加是加强用水科学规划，最大限度地节约用水和合理用水的一项基础工作。它涉及用水管理的各个方面，同时也表现出较强的综合性、技术性。

通过水平衡试验可以达到以下目的：

（1）调查分析电厂用水系统状况。通过对电厂各种取水、用水、排水和耗水水量以及水质的测定，查清电厂的用水状况进行用水合理性分析，求得实测数据各水量间的平衡关系，依据掌握的资料和获取的数据进行计算、分析、评价有关用水经济技术指标，找出用水的薄弱环节和节水潜力，制定切实可行的用水技术、管理措施和规划，明确下一步节水工作方向。

（2）掌握电厂用水现状。了解水系统管网分布情况，充分掌握各类用水设备、设施、仪器、仪表分布及运行状态，理顺用水总量和各用水单元之间的定量关系，为获取准确的实测数据打好基础；

找出水系统管网和设备、设施的泄漏点，并采取有效修复措施，堵塞跑、冒、滴、漏。

（3）监测各种用水及废水水质、水量等情况。通过水平衡试验，正确地评价电厂的用水水平，为制定合理可行的取水量、耗水量等定额指标提供依据，使电厂的用水达到合理科学的水平。

（4）在试验工作中，搜集整理有关资料、原始记录和实测数据，按照标准要求，进行计算、分析和处理，形成一套完整翔实的包括有表、图、文字说明材料在内的用水档案。

（5）根据试验结果，绘制全厂水平衡图，研究电厂各种废水处理、回用及全厂零排放的可行性。

（6）通过试验结果，完善技术与管理的科学体系措施，制定合理的用水方案，建立用水档案，健全用水三级计量仪表配备，保证水平衡试验量化指标的准确性，为今后制定用水定额考核提供较为准确的基础数据。

二、试验条件

在下列任何一种条件下，电厂都应进行水平衡试验：

（1）新机组投入稳定运行一年内。

（2）主要用水系统、设备已进行了改造，运行工况发生了较大的变化。

注：1. 原水由地表水、地下水替换为城市再生水，电厂的水处理工艺会发生比较大的变化，由于水质变化引起的排水量的变化，会影响到整个电厂的用水平衡。

2. 环保改造引起的水平衡的变化。

（3）与同类型机组相比，单位发电量取水量明显偏高，或偏离设计水耗较大。

71

注：参考数据可以选自同类型机组做对比，也可选自"大机组竞赛"等活动的数据等。

（4）在实施节水、废水综合利用或废水零排放工程之前和之后。

注：一般来说节水、废水综合利用或废水零排放的设计都需要水平衡的数据，根据水平衡的数据，选择合适的工艺流程，节水改造后，需要重新通过水平衡试验评价改造的效果是否达到设计要求。

三、试验原则

（1）选择在常规工况下进行水平衡试验，且运行机组的发电负荷应占全厂总装机容量的80%以上保证试验结果能够反映真实的用水水平。

（2）所有试验仪表应经过校验，其精度应满足 GB 17167—2006《用能单位能源计量器具配备和管理通则》的要求。

（3）有计量表计的三级用水系统要定时检查记录。当采用辅助方法测量时，要选取负荷稳定的用水工况进行测量，平行测量次数不少于 3 次，最终取其平均值。

（4）水平衡试验宜在冬季、夏季工况分别进行。

四、试验报告（参考）

（一）概述

随着国家新《环境保护法》《水十条》等各项环保政策的不断出台，环保监管日趋严格，对水资源利用及水污染防治提出更高要求。新建电厂的"环评批复"已普遍要求实施废水零排放，已建电厂的污染物排放指标也不断严格。

针对水资源的日益匮乏和国家环境保护要求的提高，水的成本在电厂运行成本中所占比例越来越大。水平衡试验是做好电厂节水工作，实现科学、合理用水管理的基础。通过试验，可以掌握电厂用水现状和各水系统用水量之间的定量关系，把握节水工作的重点，寻找节水的潜力，制定切实可行的用水、节水规划方案。

1. 任务来源

为了贯彻落实国家相关政策法规，合理地利用水资源，增效节能、节水并减少工业废水的排放，满足环评批复及排污许可要求，××电厂按照上级主管部门的要求委托××研究院进行深度优化用水改造后的水平衡试验，为下一步继续优化用水和取水许可申报提供基础数据。

根据现场运行情况和工作安排，××××年××月××日，××研究院安排水平衡试验小组到达××电厂，开展夏季水平衡试验。在××电厂相关专业技术人员的协助下，××××年××月××日至××××年××月××日进行了全厂水平衡试验现场试验工作。

2. 试验目的

通过对××电厂各种取水、用水、耗水的试验，查清电厂用水状况，挖掘节水潜力，验证优化用水实施的效果，为下一步优化节约用水工作确定方向，为制定切实可行的节水技术措施和规划提供依据，为取水许可证提供水量平衡现状基础数据。

3. 基本情况

××电厂机组容量为 2×330MW，位于××省××市，是××市的城市热电联产项目，配套建设城市热网采暖 1100 万 m^2，工业供汽 200m^3/h。

××电厂设计以××市第一污水处理厂处理后的中水作为循环水系统主要补给水源，水库地表水作为备用水源。第一污水处理厂距××电厂约 14km，根据城市总体规划，政府要求××电厂水源从第一污水处理厂中水变更为第二污水处理厂中水。消防水、

73

生活用水取至水库地表水。全厂水系统有厂区水源取水系统、循环水（含开式水）系统、生活水及生活污水处理系统、闭式水系统、消防水系统、锅炉补给水处理系统、工业废水处理系统、含煤废水处理系统、含油废水系统、脱硫工艺水及脱硫废水处理系统、热力循环系统、发电机定冷水系统。

（1）机组主要技术规范。

1）锅炉技术规范见表 8-1。

表 8-1　　　　　　　锅炉技术规范表

序号	名　　称	单位	BMCR	BECR
1	过热蒸汽流量	t/h	1113.0	988.7
2	过热器出口蒸汽温度	℃	540	540
3	再热蒸汽流量	t/h	960	858.4
4	再热器出口蒸汽温度	℃	540	540
5	给水温度	℃	276	270
6	锅炉排烟温度（修正后）	℃	131	128

2）汽轮机技术规范见表 8-2。

表 8-2　　　　　　　汽轮机技术规范表

序号	名　　称		单位	参　　数
1	型号			CC330/264-16.7/1.0/0.4/537/537
2	型式			亚临界、一次中间再热、双抽可调整抽汽凝汽式汽轮机
3	额定（铭牌）功率		MW	330
4	额定工况蒸汽流量		t/h	988.71
5	凝汽器循环水进水温度	设计	℃	20
		最高	℃	36

续表

序号	名　称	单位	参　数
6	额定工业抽汽量	t/h	160
7	再热蒸汽额定温度	℃	537
8	额定给水温度	℃	270.0（THA 工况）

（2）供水系统。××电厂 2 台 330MW 机组全年平均设计耗水量为 941m³/h，供水水源为第二污水处理厂出水、水库来水。循环水系统补水水源设计用污水处理厂出水、水库来水。锅炉补给水、消防水、生活用水水源为水库来水。

（3）排水系统。××电厂的生产性废水主要有：含泥废水、锅炉补给水产生废水、锅炉排污水、生活污水、脱硫废水、含煤废水，循环水排污水等。

中水处理系统澄清池排泥水节水改造后新增浓缩系统清水回收至中水回收水池回用，试验期间浓缩系统调试中，澄清池排泥全部排入脱硫系统；变孔隙滤池排水排入回收水池后进入澄清池回用。

生活污水经节水改造后，处理合格的生活污水进入中水处理系统澄清池回用，试验期间直接排入总排口。

含煤废水经节水改造后实现循环利用不外排，试验期间含煤废水处理系统调试中未实现循环利用，含煤废水经煤水调节池溢流排至总排口。

锅炉补给水车间双介质过滤器及超滤排水排至中水系统回用，反渗透浓水及再生废水除一部分作为输煤系统补水外，其余部分补入冷却塔。

锅炉排污水及汽水取样排水回收至冷却塔，精处理取样排水外排至雨水系统。

脱硫废水系统经节水改造后系统设备正常投运处理合格后作为输煤冲洗水系统补水或煤场喷洒，试验期间脱硫废水排入煤水调节池。

循环水排污经节水改造后，按达标排放要求，通过排污泵外排至总排口。

（4）已有节水措施。

1）已建立有完善用水制度及用水台账。

2）除灰渣系统采用干式除灰、干湿除渣，大大节约除灰、渣系统用水量。

3）生活污水系统处理合格后回收至中水处理系统处理后回用。

4）含煤废水处理合格后可实现循环利用。

5）锅炉补给水车间产生废水已全部回用。

6）脱硫系统工艺水采用循环水排污水，减少循环水外排水量。

（二）试验工况

1．试验原则

（1）选择在常规工况下进行水平衡试验，且运行机组的发电负荷应占全厂总装机容量的 80% 以上，保证试验结果能够反映真实的用水水平。

（2）所有试验仪表应经过校验，其精度应满足 GB 17167—2006 的要求。

（3）有计量表计的三级用水系统要定时检查记录。当采用辅助方法测量时，要选取负荷稳定的用水工况进行测量，平行测量次数不少于 3 次，最终取其平均值。

（4）水平衡试验宜在冬季、夏季工况分别进行。

2．技术依据

（1）《中华人民共和国水法》（2016 年 7 月修订）；

（2）《工业和信息化部、水利部、全国节约用水办公室关于深入推进节水型企业建设工作的通知》（工信部联节〔2012〕431号）；

（3）《水利部关于印发落实国务院关于实行最严格水资源管理制度的意见实施方案的通知》（水资源〔2012〕356号）；

（4）DL/T 606.5—2024《火力发电厂能量平衡导则　第5部分：水平衡试验》；

（5）GB/T 12452—2022《水平衡测试通则》；

（6）DL/T 783—2018《火力发电厂节水导则》；

（7）DL/T 1052—2016《电力节能技术监督导则》；

（8）DL/T 2385—2021《火力发电厂水计量器具配备和管理技术导则》；

（9）GB/T 7119—2018《节水型企业评价导则》；

（10）GB/T 18916.1—2021《取水定额　第1部分：火力发电》；

（11）GB/T 26925—2011《节水型企业　火力发电行业》；

（12）GB/T 50050—2017《工业循环冷却水处理设计规范》；

（13）水系统设计资料和图纸；

（14）能耗指标等统计数据。

3. 试验项目、方法、仪器

（1）试验项目及内容。依据××电厂有关设计资料、系统图、规程等，电厂水系统主要分为以下几个部分：水源及预处理系统、锅炉补给水处理系统、循环水及开式水系统、闭式水系统、消防水系统、生活水及生活污水处理系统、输煤冲洗及含煤废水处理系统、脱硫工艺水及废水处理系统、工业废水处理系统、除灰及渣水系统、除盐水及热力循环系统、发电机定冷水系统等分系统进行试验。根据试验大纲的要求，水平衡试验的试验内容如下：

1）水源及预处理系统各部分水量的测定、计算。

2）锅炉补给水处理系统水量的测定、计算。

3）循环水及开式水系统水量的测定、计算。

4）工业废水处理系统水量的测定、计算。

5）生活水及生活污水处理系统水量的测定、计算。

6）输煤冲洗及含煤废水处理系统水量的测定、计算。

7）脱硫及脱硫废水处理系统水量的测定、计算。

8）除灰渣系统水量的测定、计算。

9）除盐水及热力循环系统水量的测定、计算。

10）闭式水系统水量的测定、计算。

11）定冷水系统水量的测定、计算。

12）全厂总取水量、总用水量、复用水量、循环水量、耗水量的测定与计算。

13）全厂废水及污水处理系统水量、全厂总排水量、回用水量的测定和计算。

14）全厂复用水率、循环水率、损失水率和循环水浓缩倍数的计算。

15）全厂发电取水量、单位发电量取水量的计算。

16）绘制全厂水平衡图。

（2）试验方法的选择。

方法1：被测系统上有表计，经过校准并确认指示正确（误差小于2%~5%的表计）可直接抄表记录，同时查阅以前的报表记录以供参考。

方法2：被测系统上无表计，试验期间采用便携超声波流量计测定流量。根据系统运行工况的不同，分时段多次测量，最后取流量平均值，必要时可采用长时间仪器测量后取累计流量值计算出平均值。

方法 3：被测系统上无表计，不便使用便携式超声波流量计测定的，测定或记录邻近相关系统的流量，计算出所需要的流量数值。

方法 4：被测系统管道流量不稳定，有表计的经过校准并确认指示正确（误差小于 2%～5% 的表计）可直接抄表进行统计计算。

方法 5：对于间断性通水的管道、沟渠，可以安装水表累计计量或采用容积法测量。

方法 6：流量不稳定且较小，可采用容积法，然后折算成小时平均流量。

方法 7：对于连续稳定的水渠流量的测定，根据现场具体情况可以采用流速仪测量。

方法 8：泥浆、灰渣等固体物的含水率可采用重量法测定。

方法 9：对于冷却塔蒸发损失量等无法测量但又是水平衡试验及绘制全厂水平衡图不可或缺的数据，可通过关闭冷却塔下游用户，根据水池液位下降高度计算或根据经验公式参考 GB/T 50102—2014《工业循环水冷却设计规范》计算。

（3）试验仪器。试验仪器见表 8-3，其中试验仪器的检定/校验日期应在有效期内。

表 8-3　　　　试　验　仪　器

序号	工器具名称	型号规格	数量	备注
1	便携式超声波流量计	PT900	3 套	在检定有效期
2	测厚仪	PT9-TG 测厚探头	3 个	
3	电子秒表	PC2009	1 个	
4	各型探头	510、591、592 等	6 对	
5	数据传输线		6 条	
6	量筒	500mL	2 个	

4. 试验期间机组运行状况

××××年××月××日至××××年××月，在××电厂相关技术部门的积极配合下，完成了全厂的水平衡试验工作。在水平衡试验期间，××电厂1号机组发电平均负荷为262.0MW/h，试验负荷为设计负荷的79.4%，2号机组发电平均负荷为253.5MW/h，试验负荷为设计负荷的76.8%。

（三）试验结果汇总

1. 试验结果

（1）试验结果分析。

1）取水情况。试验期间，电厂自水源地来水平均流量为1612.2m³/h（其中工业供气取水40.8m³/h）。其中用于脱硫及脱硫废水处理系统补水123.1m³/h，生活水补水17.0m³/h，消防水补水7.9m³/h，冷却塔补水合计1384.0m³/h（1号冷却塔600.7m³/h+2号冷却塔783.3m³/h），除盐水及热力系统补水71.2m³/h，其他系统9.0m³/h。

2）耗水情况。电厂耗水主要包括：水源及预处理系统（消防水）损失7.9m³/h、除盐水及热力循环系统损失70.3m³/h、脱硫及脱硫废水系统损失123.1m³/h、生活水及生活污水处理系统损失2.8m³/h、除灰渣水系统损失1.3m³/h、输煤用水系统损失2.0m³/h、循环水系统水蒸发959.5m³/h、风吹损失75.6m³/h、其他系统消耗1.1m³/h，以上合计约为1243.6m³/h。

3）排水情况。全厂排水主要包括：循环水排污水350.5m³/h、生活污水排水10.9m³/h、含煤废水处理排水6.3m³/h，除盐水及热力系统排水0.9m³/h，以上合计约为368.6m³/h。

（2）全厂用水情况分析。电厂各机组水系统由生产和生活两部分组成。生产和生活用水按用途和流程主要由11个分系统组成，分别是：

1）水源及预处理系统。

2）锅炉补给水处理系统。

3）循环水及开式水系统。

4）工业废水处理系统。

5）生活水及生活污水处理系统。

6）输煤及含煤废水处理系统。

7）脱硫及脱硫废水处理系统。

8）除灰、渣水系统。

9）除盐水及热力循环系统。

10）闭式水系统。

11）发电机定冷水系统。

全厂各主要用水系统用水情况分析见表 8-4，全厂水平衡图见图 8-12。

根据表 8-4 中所列数据可以得出：

1）循环水及开式水系统：净补水量占全厂总取水量的 85.9%。

2）脱硫系统：净补水量占全厂总取水量的 7.6%。

3）除盐水及热力循环系统：净补水量占全厂总取水量的 4.4%。

4）其他系统：净补水量占全厂总取水量的 2.1%。

2. 各用水系统概况及水量分配图

（1）水源及预处理系统。再生水深度处理系统设有三台机械搅拌澄清池及配套的过滤杀菌系统，原设计 2、3 号澄清池用于处理第二污水处理厂中水（或备用水源水），处理后作为循环水的补水，处理量为 1600m³/h；循环水排水再送入 1 号澄清池处理后作为锅炉补给水处理系统的水源，处理量为 1000m³/h。后期由于第

表 8-4　　全厂各主要用水系统用水情况分析

系统名称	净补水量 (m³/h)	净补率 (%)	取水量 (m³/h)	串、回用水量（进，m³/h）	循环水量 (m³/h)	串、回用水量（出，m³/h）	消耗量 (m³/h)	排放量 (m³/h)	复用率 (%)	排放率 (%)
水源及预处理系统	7.9	0.5	1612.2	32.4	9.2	1636.7	7.9	0.0	—	—
锅炉补给水处理系统	0.1	0.0	0.0	169.2	0.0	169.1	0.1	0.0	—	—
循环及开式水系统	1385.6	85.9	0.0	1442.1	72856.2	56.5	1035.1	350.5	—	—
工业废水处理系统	0.0	0.0	0.0	56.7	0.0	56.7	0.0	0.0	—	—
生活水及生活污水处理系统	13.7	0.9	0.0	17.0	0.0	3.3	2.8	10.9	—	—
输煤及含煤废水处理系统	8.3	0.6	0.0	8.3	0.0	0.0	2.0	6.3	—	—
脱硫及脱硫废水处理系统	123.1	7.6	0.0	126.6	17.8	3.5	123.1	0.0	—	—
除灰渣系统	1.3	0.1	0.0	1.3	0.0	0.0	1.3	0.0	—	—
除盐水及热力系统	71.2	4.4	0.0	96.4	1414.6	25.2	70.3	0.9	—	—
闭式水系统	0.7	0.0	0.0	0.7	556.6	0.0	0.7	0.0	—	—
发电机定冷水系统	0.3	0.0	0.0	0.3	174.8	0.0	0.3	0.0	—	—
合计	1612.2	100	1612.2	1951.0	75029.2	1951.0	1243.6	368.6	97.9	22.9

注　1. 取水量是指直接用于系统的新鲜水。
　　2. 净补水量是指最终用于系统的水的水量。计算公式为净补水量=取水量－其他系统回用至本系统（回用量进）－本系统回用至其他系统（回用量出）。
　　3. 循环水量是指循环使用的水，其水质经过处理后，仍用于原工艺流程。
　　4. 串用水量是指在水质水温满足要求的条件下，前一系统的排水被作为另一系统补水被直接使用的水量。
　　5. 回用水量是指在生产过程中已经使用的水，其水质经过适当处理后回收利用于其他系统的水量。
　　6. 消耗量是指用水在使用过程中因蒸发、风吹、污泥、渗漏，水温携带，灰渣携带以及绿化等形式消耗掉的水量。
　　7. 排放量是指企业实际排放的水量，包括工业排水量和厂区生活排水量。

二污水处理厂来水水质较差，水质波动较大，2 号澄清池主要处理第二污水处理厂的中水，处理后作为循环水的补水；1、3 号澄清池主要处理地表水，处理后作为锅炉补给水处理系统原水和全厂生产、生活用水。1、2、3 号澄清池产生的排泥水进入污泥池经过新增浓缩池浓缩后，清水进入回水池回用，排泥作为脱硫剂补入脱硫吸收塔；变孔隙滤池反洗水进入回收水池，回收至澄清池入口。其中 2 号澄清池排泥一天共排 9 次，每次排 5~6min，流量为 212m³/h；1、3 号澄清池一天排 2 次，每次排 5~6min，流量为 168m³/h；变空隙滤池每天反洗 2 个，每个反洗水量110.3m³。水源及预处理系统水量分配图如图 8-1 所示，流量测定值汇总表见表 8-5。

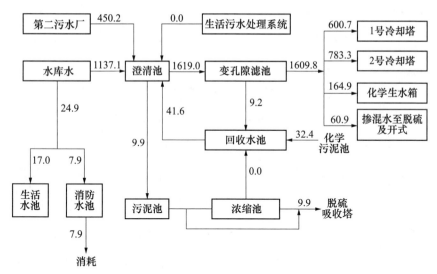

图 8-1   水源及预处理系统水量分配图（单位：m³/h）

表 8-5　　　　水源及预处理系统流量测定值汇总表（平均值）　　　　　m³/h

序号	测点名称	测试方法	流量
1	水库水来水	方法 1	1137.1

右上角：续表

序号	测点名称	测试方法	流量
2	第二污水厂中水补水	方法1	450.2
3	生活水池供水母管	方法1、方法3	17.0
4	消防水池供水母管	方法1、方法3	7.9
5	机械搅拌澄清池排泥	方法5	9.9
6	变孔隙滤池至回收水池	方法5、方法3	9.2
7	化学污泥池至回收水池	方法5、方法3	32.4
8	回收水池至机械搅拌澄清池	方法5、方法3	41.6
9	1号塔补水	方法1	600.7
10	2号塔补水	方法1	783.3
11	化学生水箱补水	方法1	164.9
12	中水掺混水至脱硫	方法1	60.9

（2）锅炉补给水处理系统。锅炉补给水处理系统工艺流程：来水水源→再生水深度处理→生水箱→双介质过滤器→超滤装置→反渗透装置→一级除盐→混床→除盐水箱→机组热力系统。

锅炉补给水处理系统内产生的主要废水：多介质过滤器反洗废水、超滤排水及反洗废水统一收集回用至再生水深度处理系统回收水池；反渗透浓水及冲洗废水、一级除盐系统冲洗再生废水、混床除盐系统冲洗再生废水统一收集于工业废水池，经处理合格后作为输煤冲洗水系统及循环水系统补水。双介质过滤器每运行90h反洗一次，反洗一次水量为112.6m^3；一级除盐累计流量22000m^3同时再生一次，一次耗水量250.1m^3；混床每半年再生一次，每次耗水量171m^3（共4次）；超滤每30min反洗一次水量

12m³，反渗透回收率约为 69.7%，锅炉补给水处理系统水量分配图如图 8-2 所示，流量测定值汇总表见表 8-6。

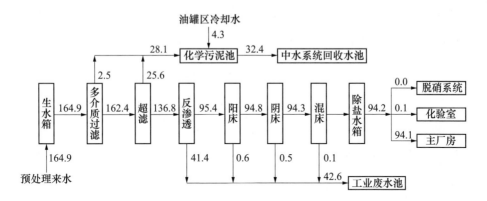

图 8-2　锅炉补给水处理系统水量分配图（单位：m³/h）

表 8-6　　锅炉补给水处理系统流量测定值汇总表（平均值）　　　m³/h

序号	测点名称	测试方法	流量
1	生水箱补水	方法 1	164.9
2	多介质过滤器排水	方法 5	2.5
3	超滤排水	方法 5	25.6
4	反渗透排水	方法 5	41.4
5	阳床再生排水	方法 5	0.6
6	阴床再生排水	方法 5	0.5
7	混床再生排水	方法 5	0.1
8	除盐水至主厂房	方法 1	94.1
9	除盐水至化验室	方法 5	0.1
10	油罐区冷却水至化学污泥池	方法 2	4.3

（3）循环水及开式水系统。循环水系统采用自然通风冷却塔

的单元制供水系统，每台机组配置 2 台全卧式循环水泵，单台泵流量为 20160m³/h；冷却塔为自然通风逆流式，冷却面积为 5500m²；凝汽器为单背压、单壳体对分式双流程表面式，凝汽器管材采用 TP317 不锈钢管。每台机组夏季 2 台循环水泵高速运行，春秋季 1 台高速、1 台低速运行，冬季因采暖及工业抽气负荷较大，采用 1 台泵低速运行。循环水排污水除作为输煤冲洗水及脱硫系统工艺用水外，其余部分外排至总排口。循环水及开式水系统水量分配图如图 8-3 所示（图中 "+" 前为 1 号机组数据，"+" 后为 2 号机组数据），流量测定值汇总表见表 8-7。

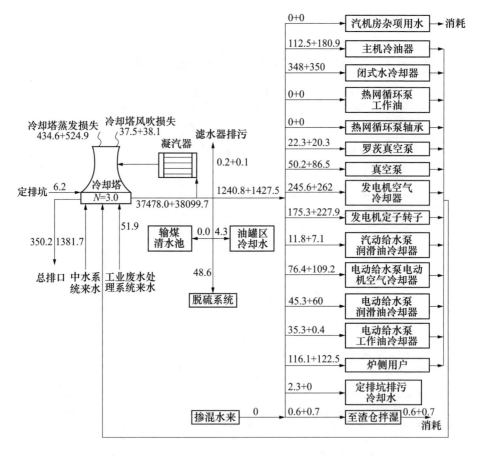

图 8-3　循环水及开式水系统水量分配图（单位：m³/h）

表 8-7　　循环水及开式水系统流量测定值

汇总表（平均值）　　m^3/h

序号	测点名称	测试方法	流量
1	中水系统至冷却塔补水	方法 1	1381.7
2	工业废水系统至冷却塔	方法 3	51.9
3	定排坑至冷却塔	方法 3	6.2
4	循环水回水量	方法 2	75577.7
5	中水掺混水来	方法 2	0.0
6	循环水至输煤清水池	方法 2	0.0
7	循环水至油罐区冷却水	方法 2	4.3
8	循环水至脱硫系统	方法 1	48.6
9	滤水器排污	方法 5	0.3
10	循环水至总排口排水	方法 1、方法 7	350.5
11	循环水蒸发水量	方法 7	959.5
12	风水损失	方法 7	75.6
1 号机组开式水系统			
13	开式水供水母管流量	方法 2	1240.8
14	汽机房杂项用水	方法 2	0.0
15	主机冷油器冷却水	方法 2	112.5
16	闭式水冷却器冷却水	方法 2	348.0
17	热网循环泵工作油冷却水	方法 2	0.0
18	热网循环泵轴承冷却水	方法 2	0.0
19	罗茨真空泵冷却水	方法 2	22.3
20	真空泵冷却水	方法 2	50.2
21	发电机空气冷却器冷却水	方法 2	245.6

续表

序号	测点名称	测试方法	流量
22	发电机定子、转子冷却器冷却水	方法 2	175.3
23	汽动给水泵润滑油冷却器冷却水	方法 2	11.8
24	电动给水泵电动机空气冷却器冷却水	方法 2	76.4
25	电动给水泵润滑油冷却器冷却水	方法 2	45.3
26	电动给水泵工作油冷却器冷却水	方法 2	35.3
27	炉侧用户冷却水	方法 2	116.1
28	定排坑排污冷却水	方法 2	2.3
29	至渣仓拌湿	方法 5	0.6
2 号机组开式水系统			
30	开式水供水母管流量	方法 2	1427.5
31	汽机房杂项用水	方法 2	0.0
32	主机冷油器冷却水	方法 2	180.9
33	闭式水冷却器冷却水	方法 2	350.0
34	热网循环泵工作油冷却水	方法 2	0.0
35	热网循环泵轴承冷却水	方法 2	0.0
36	罗茨真空泵冷却水	方法 2	20.3
37	真空泵冷却水	方法 2	86.5
38	发电机空气冷却器冷却水	方法 2	262.0
39	发电机定子、转子冷却器冷却水	方法 2	227.9
40	汽动给水泵润滑油冷却器冷却水	方法 2	7.1
41	电动给水泵电动机空气冷却器冷却水	方法 2	109.2

续表

序号	测点名称	测试方法	流量
42	电动给水泵润滑油冷却器冷却水	方法 2	60.0
43	电动给水泵工作油冷却器冷却水	方法 2	0.4
44	炉侧用户冷却水	方法 2	122.5
45	定排坑排污冷却水	方法 2	0.0
46	至渣仓拌湿	方法 5	0.7

（4）工业废水处理系统。工业废水处理系统来水主要包括经常性废水和非经常性废水，其中经常性排水包括锅炉补给水处理系统排水、实验室排水、取样排水、主厂房内工业排水、精处理再生排水等，非经常性排水包括锅炉化学清洗排水、空气预热器冲洗排水、锅炉烟气侧冲洗水、地面及设备冲洗排水等，工业废水除用于输煤冲洗系统补水外，其余作为冷却塔补水。工业废水处理系统水量分配图如图 8-4 所示，流量测定值汇总表见表 8-8。

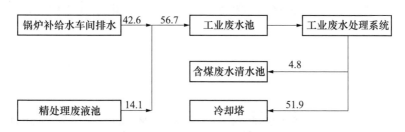

图 8-4　工业废水处理系统水量分配图（单位：m³/h）

表 8-8　　　　工业废水处理系统流量测定值

汇总表（平均值）　　　　　　　　m³/h

序号	测点名称	测试方法	流量
1	锅炉补给水处理系统排水至工业废水池	方法 5、方法 3	42.6

序号	测点名称	测试方法	流量
2	精处理废水池来水	方法5、方法3	14.1
3	工业废水至含煤废水清水池	方法5、方法3	4.8
4	工业废水至冷却塔	方法5、方法3	51.9

（5）生活水及生活污水处理系统。生活用水水源为黄河地表水，生活饮用水处理设备处理能力为 5t/h，出水水质含盐量去除 50%，水质清澈；根据进水水质，工艺流程为锰砂过滤器→砂滤器→精密过滤器→反渗透装置工艺。生活污水处理系统来水主要是生活过程中产生的废水，包括粪便水、洗浴水、洗涤水和冲洗水等。经优化用水改造后，处理后的生活污水进入中水深度处理系统 2 号澄清池后回用，生活污水处理系统处于调试阶段，试验期间生活污水排入总排口。生活水及生活污水处理系统水量分配图如图 8-5 所示，流量测定值汇总表见表 8-9。

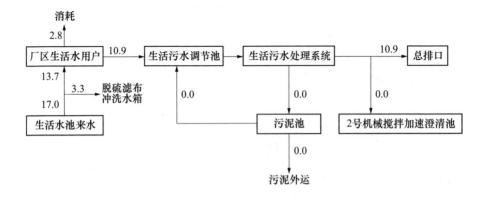

图 8-5　生活水及生活污水处理系统水量分配图（单位：m³/h）

表 8-9   生活水及生活污水处理系统流量
测定值汇总表（平均值）   m³/h

序号	测点名称	测试方法	流量
1	生活水供水母管	方法 1	17.0
2	生活水至脱硫滤布冲洗水水箱	方法 2	3.3
3	生活污水至总排口排水	方法 3	10.9
4	生活水耗水量	方法 3	2.8

（6）输煤及含煤废水处理系统。输煤及含煤废水处理系统用水主要为厂区输煤系统栈桥、廊道和转运站的地面冲洗水，第一阶段改造后输煤系统能够实现循环利用，补充水源为工业废水及循环水，主要使用工业废水作为补充水源。试验期间含煤废水处理系统处于调试阶段，未正常投运。冲洗后含煤废水及脱硫废水进入含煤废水调节池后溢流进入总排口。输煤及含煤废水处理系统水量分配图如图 8-6 所示，流量测定值汇总表见表 8-10。

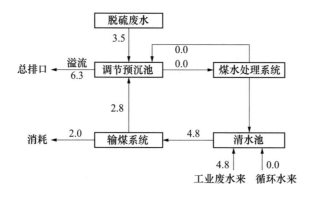

图 8-6 输煤及含煤废水处理系统水量分配图（单位：m³/h）

91

表 8-10   输煤及含煤废水处理系统流量

测定值汇总表（平均值）   m³/h

序号	测点名称	测试方法	流量
1	工业废水至清水池补水	方法 5	4.8
2	循环水至清水池补水	方法 5	0.0
3	脱硫废水至煤水调节预沉池	方法 5	3.5
4	煤场冲洗用水	方法 5	4.8
5	调节预沉池至总排口排水溢流	方法 5	6.3
6	输煤系统消耗用水	方法 5	2.0

（7）脱硫及脱硫废水处理系统。脱硫系统工艺水为循环水。工艺水分别由工艺水泵、除雾器冲洗水泵从工艺水箱输送到各用水点。

工业水水源为中水来掺混水，工业水由工业水泵从工业水箱输送到各用水点，冷却水通过回水母管又重新回到工业水箱或工艺水箱，滤布冲洗水水源为生活水。

水平衡试验期间，脱硫废水排放至煤水调节预沉池，脱硫及脱硫废水处理系统水量分配图如图 8-7 所示，流量测定值汇总表见表 8-11。

表 8-11   脱硫及脱硫废水处理系统流量

测定值汇总表（平均值）   m³/h

序号	测点名称	测试方法	流量
1	脱硫工艺水箱补水	方法 1	48.6
2	脱硫工业水箱补水	方法 1	60.9
3	低低温系统排水至脱硫	电厂报表统计	3.9
4	中水污泥处理系统排水至脱硫	方法 1	9.9
5	滤布冲洗水箱来水	方法 1	3.3

续表

序号	测点名称	测试方法	流量
6	脱硫系统烟气蒸发及石膏携带	平衡计算	123.1
7	脱硫废水至含煤废水处理系统	方法 1	3.5

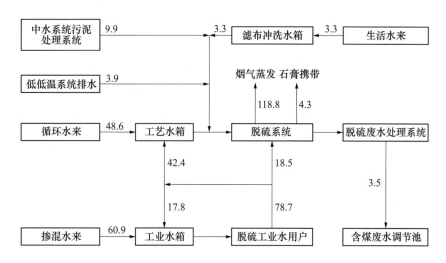

图 8-7 脱硫及脱硫废水处理系统水量分配图（单位：m³/h）

（8）除灰渣水系统。除渣系统为干式排渣，除灰系统为气力除灰系统。干渣拌湿水源为开式循环水。除灰渣水系统水量分配图如图 8-8 所示，流量测定值汇总表见表 8-12。

图 8-8 除灰渣水系统水量分配图（单位：m³/h）

表 8-12　　　　除灰渣水系统流量测定值

汇总表（平均值）　　　　　　　m³/h

序号	测点名称	测试方法	流量
1	1号机组开式水至干灰拌湿用水	方法 5	0.6

93

续表

序号	测点名称	测试方法	流量
2	1号机组开式水至干灰拌湿用水	方法5	0.7
3	1、2号机组灰渣携带	平衡计算	1.3

（9）除盐水及热力循环系统。除盐水通过除盐水泵输送到主厂房作为凝补水箱补水、凝结水精处理系统再生用水、发电机定冷水补水、凝结水泵机封水等，以保证机组汽水循环系统的正常运行。对外供汽、汽水取样、汽水损失和锅炉排污等产生的废水主要有汽水取样疏排水、锅炉排污水、吹灰损失、精处理再生废水、低低温换热器疏水等。精处理累计流量60000m³再生一次，再生耗水量为547.2m³/次。除盐水及热力循环系统水量分配图如图8-9所示（图中"+"前为1号机组数据，"+"后为2号机组数据），流量测定值汇总表见表8-13。

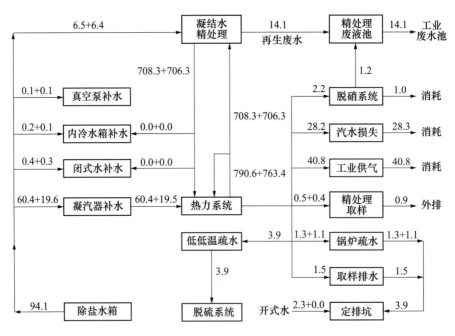

图8-9　除盐水及热力循环系统水量分配图（单位：m³/h）

表 8-13　除盐水及热力循环系统流量测定值

汇总表（平均值）　　　　　　　　m³/h

序号	测点名称	测试方法	流量
1	除盐水来水至主厂房	方法 1	94.1
2	除盐水至凝汽器补水	方法 1	79.9
3	除盐水至闭式水补水	方法 5	0.7
4	除盐水至内冷水箱补水	方法 5	0.3
5	除盐水至真空泵补水	方法 5	0.2
6	精处理再生废水	方法 5	14.1
7	脱硝系统消耗	方法 3	1.0
8	汽水损失	方法 3	28.3
9	工业供气消耗	方法 3	40.8
10	精处理取样消耗	方法 3	0.9
11	锅炉疏水至定排坑	方法 3	2.4
12	取样排水至定排坑	方法 3	1.5
13	低低温疏水至脱硫系统	DCS 后台查询	3.9

（10）闭式水系统。闭式水系统补水来自于化学除盐水和凝结水，试验期间采用化学除盐水，由闭式水箱通过闭式水泵升压提升后供闭式水用户冷却用。闭式水系统水量分配图如图 8-10 所示（图中"+"前为 1 号机组数据，"+"后为 2 号机组数据），流量测定值汇总表见表 8-14。

表 **8-14**　　　　闭式水系统流量测定值

汇总表（平均值）　　　m^3/h

序号	测点名称	测试方法	流量
1号机组闭式水系统			
1	闭式水热交换器出口	方法2	413
2	热网循环泵轴承密封水	方法2	0.0
3	精处理取样冷却水	方法2	23.0
4	凝结水泵轴承冷却水	方法2	1.5
5	抗燃油冷却器冷却水	方法2	3.6
6	汽动给水泵轴承及密封冷却水	方法2	11.0
7	汽前泵轴承冷却水	方法2	0.9
8	电动给水泵轴承及密封冷却水	方法2	9.7
9	炉水循环泵冷却水	方法2	86.3
10	空气压缩机室冷却系统冷却水	方法2	222.0
11	汽水取样架冷却水	方法2	55.3
12	化学补水至膨胀水箱	方法5	0.4
13	凝结水补水至膨胀水箱	方法5	0.0
2号机组闭式水系统			
14	闭式水热交换器出口	方法2	143.6
15	热网循环泵轴承密封水	方法2	0.0
16	精处理取样冷却水	方法2	24.1
17	凝结水泵轴承冷却水	方法2	2.0
18	抗燃油冷却器冷却水	方法2	0.9
19	汽动给水泵轴承及密封冷却水	方法2	9.8
20	汽前泵轴承冷却水	方法2	0.7
21	电动给水泵轴承及密封冷却水	方法2	13.8

续表

序号	测点名称	测试方法	流量
22	炉水循环泵冷却水	方法2	92.3
23	空气压缩机室冷却系统 冷却水	方法2	0.0
24	汽水取样架冷却水	方法2	0.0
25	化学补水至膨胀水箱	方法5	0.3
26	凝结水补水至膨胀水箱	方法5	0.0

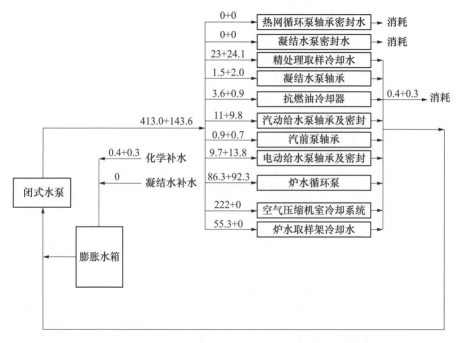

图 8-10　闭式水系统水量分配图

（11）发电机定冷水系统。发电机定子绕组采用水内冷方式，补水水源来自化学除盐水和凝结水，试验期间采用化学除盐水。发电机定冷水系统水量分配图如图 8-11 所示（图中"+"前为 1 号机组数据，"+"后为 2 号机组数据），流量测定值汇总表见表 8-15。

97

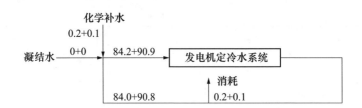

图 8-11　发电机定冷水系统水量分配图（单位：m³/h）

表 8-15　　　发电机定冷水系统流量测定值

汇总表（平均值）　　　　　　　　　　m³/h

序号	测点名称	测试方法	流量
1号机组定冷水系统			
1	凝结水至定冷水补水	方法2	0.0
2	化学补水至定冷水补水	方法2	0.2
3	定冷水循环水量	方法2	84.2
4	系统耗水量	方法2	0.2
2号机组定冷水系统			
5	凝结水至定冷水补水	方法2	0.0
6	化学补水至定冷水补水	方法2	0.1
7	定冷水循环水量	方法2	90.0
8	系统耗水量	方法2	0.1

（四）试验结果评价

本次水平衡试验结果及简要评价如下：

（1）水平衡试验期间，全厂平均取水量为 1612.2m³/h，包含工业供气取水 40.8m³/h，生活及消防用水 24.9m³/h。

（2）水平衡试验期间，2 台机组循环水量为 75029.2m³/h，串、回用水量为 1951.0m³/h，复用水量为 76980.2m³/h（复用水量=循环水量+串、回用水量）。

（3）水平衡试验期间，2 台机组总用水量为 78592.4m³/h（总用水量=总取水量+复用水量）。

（4）水平衡试验期间，2 台机组总损失水量为 1612.2m³/h（包含工业供气 40.8m³/h），其中总排水量为 368.6m³/h。

（5）水平衡试验期间，2 台机组复用水率为 97.9%（复用水率=复用水量/总用水量），2 台机组循环水率为 95.5%（循环水率=循环水量/总用水量）。

（6）水平衡试验期间，1 号机组平均负荷为 262.0MW，2 号机组平均负荷为 253.5MW。全厂平均单位发电量取水量的评价汇总表见表 8-16。

表 8-16　全厂平均单位发电量取水量评价汇总表　m³/MWh

序号	标准	标准要求单位发电量取水量	水平衡测试结果单位发电量取水量	满足/不满足
1	GB/T 18916.1—2021	2.75	2.90	不满足
2	GB/T 26925—2011	1.71		不满足
3	设计要求	2.45		不满足

注　全厂平均单位发电量取水量=发电取水量（扣除工业供气）/电厂平均发电量，中水按 1.2 系数折算。

（五）节水建议

节水是一项系统工程，需要合理的工程设计和科学的水务管理，离不开高效的节水技术和先进的水处理设备。根据国家各项节水、环保政策法规的要求，结合电厂实际情况，建立合理的水量平衡系统。

1. 加强水务管理工作

（1）水务管理内容。水务管理是指电厂在规划、设计、施工、运行、维护和技术改造等阶段对水的使用进行全面统筹与管理，是一项重要的综合性技术管理工作。

电厂应把节约用水作为一项重要技术工作，在电厂日常运行管理中始终贯穿节水思想，要因地制宜地对电厂的各类生产和生活供、排水进行全面规划，综合平衡和优化比较，积极采用成熟可靠的节水工艺和技术，实现提高重复用水率、减少污水排放、降低全厂耗水指标的目的。

对于已投产电厂，水务管理的主要内容包括以下几点：

1）通过对全厂水资源和废水资源进行合理的调配，降低设备的耗水量，增加水的梯级使用级数。

2）定期进行水平衡试验，找出潜在的节水效益点，减少不合理的用水方式和耗水。

3）建立经济可靠的废水处理设施，对全厂废水合理回用。对于回用成本过高的废水要求达标排放，建立标准化排放口。

4）不断采用新技术、新工艺，通过技术改造来降低耗水量。

5）配备必要的水流量计量关口表计并定期校验。

（2）水务管理重点。

1）建立水平衡监测体系，配备必要的水计量关口表计，通过水平衡试验，优化用水流程，改进废水处理方式，使有限的水资源发挥更大的经济效益和社会效益。

2）完善硬件节水设施，减少不合理的用水方式和耗水。建立各主要系统的用、排水量台账，实现对主要供、排水系统的监控，及时发现、消除全厂非正常用水。

3）加强用水监督工作，重点是加强用水大户的管理，在保证设备正常运行的情况下，避免冷却水或补充水过量使用，要做到全厂用水大户水量可控。

（3）运行机组的节水管理。机组停机时要及时关闭重要的用水阀门，避免浪费；机组正常运行后要及时控制各项参数，控制各个用水点用水量的合理范围。

2. 做好节水优化

（1）节水原则。

1）从全厂的角度综合制定节水和水平衡优化方案。针对用水需求，建立合理的水量平衡系统，避免水的高质低用，做到水的梯级使用、废水回用，努力降低全厂各用水系统的用、排水量。

2）充分利用现有的处理设施，在提高废水处理回收利用率的同时，不会影响机组安全经济运行。

（2）节水优化方案。针对××电厂提出如下主要节水措施：

1）加强设备、系统管线消缺力度，确保各水处理设备运行的可靠性，消除系统管线泄漏和不合理使用。

2）脱硫系统工业水母管与脱硫工艺水母管的联络阀门存在关闭不严或者内漏现象，导致系统工业水消耗量大，循环水排污水用量减少，应及时更换或修复损坏阀门。

3）锅炉补给水车间产生的反渗透浓水、再生废水应优先作为脱硫系统工艺用水补水。

4）根据循环水动态模拟试验提高循环水浓缩倍数至 4.0，减少排污量。

5）生活污水及原水预处理排泥水，应按照节水改造要求处理合格后回用。

6）汽水取样排水水质较好，等同于除盐水，目前排至定排坑，造成高质低用，可回收至脱硝系统工艺水箱作为脱硝系统工艺用水。

7）脱硝系统加热蒸汽疏水水质较好，目前一部分用于尿素溶解，多余部分外排至精处理废液池，造成高质低用，应回收至热力系统。

8）低低温余热利用系统的蒸汽疏水排至脱硫系统，造成高质低用，应回收至热力系统。

9）含煤废水及脱硫废水目前溢流排放至总排口，存在较大环保风险，应尽快调试确保含煤废水处理系统正常投运，实现含煤废水循环利用，脱硫废水作为过渡阶段应作为输煤系统补水和干渣拌湿用水，并根据环保要求适时启动末端高盐废水零排放。

10）厂区地面冲洗及绿化用水采用消防水，不符合消防水用水规范要求，存在安全隐患，应采用处理合格后生活水或循环水排污水。

（六）水平衡优化

对××电厂水资源和废水资源进行合理的调配，增加水的梯级使用级数，综合利用各级废污水，杜绝跑冒滴漏现象，还可以进一步减少取水量，具有良好的社会效益和经济效益，优化后的全厂水平衡图如图 8-13 所示。

（七）结论

（1）水平衡试验期间，两台机组实际平均单位发电量取水量为 2.90m³/MWh，有很大的节水潜力。

（2）若本节水建议提出的方案全部实施，预计全厂发电取水量由目前的 1571.4m³/h 可减少至 1391.1m³/h 左右，全厂将最少减少取水量约 180.3m³/h，平均单位发电量取水量最少降至 2.55m³/MWh（中水按 1.2 折算），具有良好的经济、社会、环境效益。

（八）附图

（1）试验工况下全厂水平衡图见图 8-12。

（2）优化后全厂水平衡图见图 8-13。

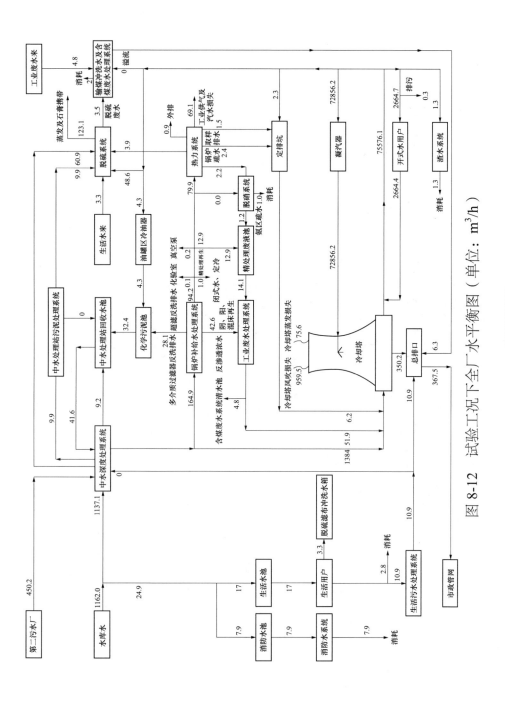

图 8-12 试验工况下全厂水平衡图（单位：m³/h）

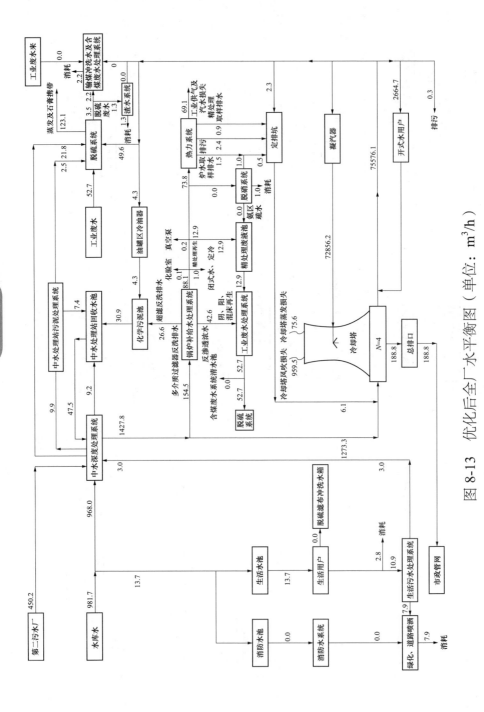

图 8-13　优化后全厂水平衡图（单位：m³/h）

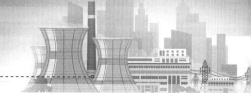

 **第九章**

节水管理及评价法规政策

一、法规政策

1. 国家层面要求

水是地球上最重要的资源之一，然而随着人口的增长和经济的发展，水资源的需求日益增加，同时水污染问题也日益严重。节水与水污染防治已经成为关系到人类生存和发展的重大问题。

2010 年 12 月 31 日，中共中央、国务院印发《关于加快水利改革发展的决定》（中发〔2011〕1 号），这是新中国成立以来中央出台的第一个水利综合性政策文件，是指导当前和今后一个时期水利改革和发展的纲领性文件。该文件共 8 章、30 条，对新时期水利的战略地位、重要作用，对水利改革发展的指导思想、目标任务和基本原则，对突出加强农田水利等薄弱环节建设、全面加快水利基础设施建设、建立水利投入稳定增长机制、实行最严格的水资源管理制度、不断创新水利发展体制机制等作出了全面部署，提出了明确要求。在实行最严格的水资源管理制度中明确提出建立用水总量控制制度、建立用水效率控制制度、建立水功能区限制纳污制度、建立水资源管理责任和考核制度等四项制度。

2014 年提出"节水优先、空间均衡、系统治理、两手发力"的

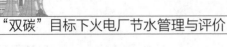

治水思路，赋予了新时期治水的新内涵、新要求、新任务，为我国强化水治理、保障水安全指明了方向。节水优先，是着眼中华民族永续发展作出的关键选择，是新时期治水工作必须始终遵循的根本方针。空间均衡，是从生态文明建设高度，在新型工业化、城镇化和农业现代化进程中做到人与自然和谐的科学路径，是新时期治水工作必须始终坚守的重大原则。系统治理，是统筹自然生态各要素，解决我国复杂水问题的根本出路，是新时期治水工作必须始终坚持的思想方法。两手发力，是从水的公共产品属性出发，充分发挥政府作用和市场机制，提高水治理能力的重要保障，是新时期治水工作必须始终把握的基本要求。

2015 年 10 月 29 日，中国共产党第十八届中央委员会第五次全体会议通过《中共中央关于制定国民经济和社会发展第十三个五年规划的建议》，要求加强水生态保护，系统整治江河流域，连通江河湖库水系，筑牢生态安全屏障；在节水方面，坚持节约优先，树立节约集约循环利用的资源观，建立健全用水权、排污权初始分配制度，推行合同能源管理和合同节水管理，实施全民节能行动计划、水效领跑者引领行动，合理制定水价，编制节水规划，高效利用水资源，有效控制水资源消耗。

2. 法律与法规

法律是由全国人民代表大会及其常务委员会制定和颁布的规范性文件，现已颁布的直接涉及节水的法律有《中华人民共和国水法》《中华人民共和国水土保持法》《中华人民共和国水污染防治法》，上述三项法律是我国节用水工作和废水排放治理工作的基础性法律。行政法规是由国务院制定和颁布的规范性文件，涉及节水工作的行政法规为《取水许可和水资源费征收管理条例》，是配合取水许可和水资源费征收相关工作的开展而制定的。

《中华人民共和国水法》（以下简称《水法》）是为了合理开发、利用、节约和保护水资源，防治水害，实现水资源的可持续利用，适应国民经济和社会发展的需要而制定的法律，是开展水资源相关工作的根本依据。该法于 1988 年制定颁布，于 2002 年进行了修订。《水法》分为总则，水资源规划，水资源开发利用，水资源、水域和水工程的保护，水资源配置和节约使用，水事纠纷处理与执法监督检查，法律责任，附则等共八章，规定取水许可制度、有偿使用制度、饮用水水源保护区制度、河道采砂许可制度、用水实行总量控制和定额管理相结合的制度、计量收费和超定额累进加价制度等基本制度。《中华人民共和国水土保持法》（以下简称《水保法》）是为了预防和治理水土流失，保护和合理利用水土资源，减轻水、旱、风沙灾害，改善生态环境，保障经济社会可持续发展而制定的法律。该法于 1991 年制定颁布，于 2010 年进行了修订。《水保法》分为总则、规划、预防、治理、监测和监督、法律责任、附则共七章，规定了水土保持的基本制度，如火电厂立项需编制水土保持方案且需要水行政主管部门审批。

《中华人民共和国水污染防治法》（以下简称《水污染防治法》）是为了防治水污染，保护和改善环境，保障饮用水安全，促进经济社会全面协调可持续发展，制定的法律。该法于 1984 年制定，分别于 1996、2008 年进行了修订。《水污染防治法》由总则、水污染防治的标准和规划、水污染防治的监督管理、水污染防治措施、饮用水水源和其他特殊水体保护、水污染事故处置、法律责任、附则共八章组成，规定了水环境保护目标责任制和考核评价制度、重点水污染物排放实施总量控制制度、排污许可制度、水环境质量监测和水污染物排放监测制度、饮用水水源保护区制度等基本制度。为配合该法的实施，国务院于 2000 年印发《中华人民共和国水污染防治法实施细则》(国务院令第 284 号),进一步明确了水污染防治工作的相关事项。

2006 年 1 月 24 日国务院第 123 次常务会议通过《取水许可和水资源费征收管理条例》,中华人民共和国国务院令第 460 号公布,自 2006 年 4 月 15 日起施行。该《条例》明确了取水许可的范围、对象、时效、审批权限、审批基本条件、水资源论证编制与审查及监督管理,同时从水资源费征收标准的制定原则、水资源费征收和缴纳程序及水资源费的分配和使用三个方面,制定了水资源费征收使用管理办法,加强了水资源管理和保护,促进了水资源的节约与合理开发利用。

3. 规划与计划

2016 年 3 月 16 日,十二届全国人大四次会议审查通过了《中华人民共和国国民经济和社会发展第十三个五年规划纲要》。在节水方面,规划纲要提出"十三五"万元 GDP 用水量下降 23%的约束性要求,提出"加快完善水利基础设施网络,推进水资源科学开发、合理调配、节约使用、高效利用,全面提升水安全保障能力""全面推进节水型社会建设""建立健全资源高效利用机制"等多个方面的要求。其中,在"全面推进节水型社会建设"中,明确要求"落实最严格的水资源管理制度,实施全民节水行动计划。坚持以水定产、以水定城,对水资源短缺地区实行更严格的产业准入、取用水定额控制。加快农业、工业、城镇节水改造,扎实推进农业综合水价改革,开展节水综合改造示范。加强重点用水单位监管,鼓励一水多用、优水优用、分质利用。建立水效标识制度,推广节水技术和产品。加快非常规水资源利用,实施雨洪资源利用、再生水利用等工程。用水总量控制在 6700 亿 m^3 以内"。

2012 年 1 月,国务院发布《关于实行最严格水资源管理制度的意见》，要求确立水资源开发利用控制红线，到 2030 年全国用水总量控制在 7000 亿 m^3 以内；确立用水效率控制红线，到 2030 年用水效率达到或接近世界先进水平，万元工业增加值用水量（以 2000 年不变价计，下同）降低到 $40m^3$ 以下，农田灌溉水有效利用系数提高到 0.6 以上；确立水功能区限制纳污红线，到 2030 年主要污染物入河湖总量控制在水功能区纳污能力范围之内，水功能区水质达标率提高到 95%以上。

　　2015 年 4 月 2 日，国务院发布《水污染防治行动计划》（即"水十条"），该文件从控制污染物排放、产业结构转型升级、节约水资源，发挥科技引领和市场决定性作用，加强水环境监管、明确和落实各方责任三个方面制定了具体实施行动指南。其工作目标为：到 2020 年，全国水环境质量得到阶段性提高，污染严重水体较大幅度减少，饮用水安全保障水平持续提升，地下水超采得到严格控制，地下水污染加剧趋势得到初步遏制，近岸海域环境质量稳中趋好，京津冀、长三角、珠三角等区域水生态环境状况有所好转。到 2030 年，力争全国水环境质量总体提高，水生态系统功能初步恢复。到 21 世纪中叶，生态环境质量全面提高，生态系统实现良性循环。2016 年 10 月 18 日，水利部、国家发展改革委印发《"十三五"水资源消耗总量和强度双控行动方案》（水资源司〔2016〕379 号），提出"十三五"期间主要目标：到 2020 年，水资源消耗总量和强度双控管理制度基本完善；各流域、各区域用水总量得到有效控制；明确各省（区、市）2020 年用水强度控制目标。全国年用水总量控制在 6700 亿 m^3 以内。万元国内生产总值用水量、万元工业增加值用水量分别比 2015 年降低 23%和 20%等。同时，要求高耗水工业行业节水技术改造，大力推广工业水循环利用，推进节水型企业、节水型工业园区建设。到 2020 年，高耗水行业达到先进定额标准。

4. 部门规章

在节水方面，主要是水利部、国家发展改革委、财政部等部委颁布的相关办法，如 2002 年印发的《建设项目水资源论证管理办法》（水利部、国家发展计划委员会令第 15 号）、2004 年印发的《入河排污口监督管理办法》（水利部令第 22 号）、2008 年印发的《取水许可管理办法》（水利部令第 34 号）等。其中，《取水许可管理办法》是按照《水法》《取水条例》等法律法规制定的，该办法规定了取水的申请和受理程序、要求，规定了取水许可的审查程序、审查要求、发放许可证的要求等。

5. 标准

标准是在一定范围内获得最佳秩序，经协商一致制定并由公认机构批准，共同使用和重复使用的一种规范性文件。它以科学、技术和实践经验的综合成果为基础，以促进最佳社会效益为目的。按照标准的覆盖范围，标准可分为国际标准、国家标准、行业标准、地方标准、团体标准、企业标准等；按内容划分有基础标准、产品标准、辅助产品标准、原材料标准、方法标准等。通过检索火电行业节用水相关标准，将有关标准规范分为指标控制类标准、设计技术类标准和运行管理类标准三大类，具体分类见附录 1。

指标控制类标准主要对工业用水水质指标和污水排放指标提供限值，是火电厂水处理系统设计的基本依据；设计技术类标准是指水处理项目建设中各单体系统的勘察、规划、设计、施工等需要协调统一的事项标准，项目合理科学建设的主要依据；运行管理类标准内容包括火电行业节水项目相关概念解释、常规节水工艺技术要求、水系统运行控制指导等，是一类火电厂水系统运行和管理的综合性标准。

6. 其他规范性文件

2008 年 11 月 10 日，财政部、国家发展改革委、水利部印发《水资源费征收使用管理办法》（财综〔2008〕79号），进一步完善水资源管理有偿使用制度，为水资源节约、保护和管理提供重要保障。

2012年1月12日，国务院印发《关于实行最严格水资源管理制度的意见》（国发〔2012〕3号）。这是继2011年中央1号文件和中央水利工作会议明确要求实行最严格水资源管理制度以来，国务院对实行该制度作出的全面部署和具体安排，是指导当前和今后一个时期我国水资源工作十分重要的纲领性文件。该《意见》分为五个部分、共20条，明确提出了实行最严格水资源管理制度的主要目标。

2013年1月2日，国务院办公厅印发《关于印发实行最严格水资源管理制度考核办法的通知》（国办发〔2013〕2号），制定了各省、自治区、直辖市用水总量控制目标、用水效率控制目标、各水域水质达标率控制目标，并以此作为考核评定依据。

2014年11月5日，为深入贯彻中央节水优先方针，落实最严格水资源管理制度，全面推进节水型社会建设，强化用水单位用水需求和过程管理，提高计划用水管理规范化精细化水平，水利部印发《计划用水管理办法》（水资源〔2014〕360号），对用水单位实行计划用水管理，严控用水总量。

2016年4月19日，水利部印发《水权交易管理暂行办法》（水政法〔2016〕156号），明确水资源使用权可以通过市场机制实现流转，鼓励各用水企业通过调整产业结构、改革工艺，达到节约水资源目的，转让其相应取水权的水权。

2016年4月21日，国家发展改革委等6部委印发《水效领跑者引领行动实施方案》（发改环资〔2016〕876号），对水效领跑者的基本要求、遴选方式和激励政策等内容做出详细诠释，通过树立标杆、标准引导、政策鼓励，形成用水产品、企业和灌区用水效率不断提升的长效机制，建立节水型的生产方式、生活方式和消费模式。

2016 年 12 月 11 日，中共中央办公厅、国务院办公厅印发并实施了《关于全面推行河长制的意见》，要求各级河长由党委或政府主要负责同志担任，以加强水资源保护、河湖水域岸线管理保护、水污染防治、水环境治理、水生态修复和执法监管为主要任务，并要求到 2018 年底前全面建立河长制，该《意见》是解决我国复杂水问题、维护河湖健康生命的有效举措，是完善水治理体系、保障国家水安全的制度创新。

二、节水制度

针对我国水资源短缺、水资源利用方式粗放、水污染严重、水生态环境恶化等复杂水问题，2011 年中央 1 号文件《关于加快水利改革发展的决定》明确要求实行最严格水资源管理制度，把严格水资源管理作为加快转变经济发展方式的战略举措。2012 年 1 月，国务院发布《关于实行最严格水资源管理制度的意见》，对实行最严格水资源管理制度进行了全面部署和具体安排。2013 年 1 月，水利部印发《关于加快推进水生态文明建设工作的意见》，进一步强调落实最严格水资源管理制度是推进水生态文明建设的核心。最严格水资源管理制度成为从源头扭转水资源短缺、水污染严重、水生态恶化趋势的根本性制度，也是节水工作最根本的制度。

1. 用水总量控制制度

用水总量是指水资源开发利用中用水的总数量，包括生活用水、生产用水、农业用水、生态用水等方面。火电节水相关的用水总量控制制度主要包括《关于做好大型煤电基地开发规划水资源论证的意见》《关于加快水利改革发展的决定》《关于燃煤电站项目规划和建设有关要求的通知》。为全面落实最严格水资源管理制度，做好大型煤电基地水资源配置，2013 年 12 月 12 日，水利部办公厅发布

《关于做好大型煤电基地开发规划水资源论证的意见》，要求严格控制取用水总量，提高用水效率，百万机组年耗水总量不超过 252 万 m³，规划电厂项目应坚持"先节水、后用水"，同时完善煤电规划水资源论证工作流程。

2010 年 12 月 31 日，中共中央、国务院发布了《关于加快水利改革发展的决定》要求，确立水资源开发利用控制红线，建立取用水总量控制指标体系。严格执行建设项目水资源论证制度，对擅自开工建设或投产的一律责令停止。严格取水许可审批管理，对取用水总量已达到或超过控制指标的地区，暂停审批建设项目新增取水；对取用水总量接近控制指标的地区，限制审批新增取水。建立和完善国家水权制度，充分运用市场机制优化配置水资源。对火电厂项目而言，2004 年国家发展改革委印发的《关于燃煤电站项目规划和建设有关要求的通知》（发改能源〔2004〕864 号）中指出，要高度重视节约用水，鼓励新建、扩建燃煤电站项目采用新技术、新工艺，降低用水量，对扩建电厂项目，应对该电厂中已投运机组进行节水改造，机组耗水指标要控制在每千兆瓦 0.38m³/s 以下，尽量做到发电增容不增水。具体办法包括：在北方缺水地区，新建、扩建电厂禁止取用地下水，严格控制使用地表水，鼓励利用城市污水处理厂的中水或其他废水；建设大型空冷机组；新建电厂要与城市污水处理厂统一规划，配套同步建设；坑口电站项目首先考虑使用矿井疏干水；鼓励沿海缺水地区利用火电厂余热进行海水淡化；在水资源匮乏地区，采用节水的干法、半干法烟气脱硫工艺技术。

以宁夏鸳鸯湖电厂为例，在项目论证期间，该厂向黄河水利委员会报送《宁夏鸳鸯湖电厂一期工程（2×600MW）水资源论证报告书》和《宁夏青铜峡河西灌区大青渠灌域向鸳鸯湖电厂一期工程（2×600MW）转换部分黄河取水权可行性研究报告》。2005 年 11 月，黄河水利委员会组织有关单位和专家对这两个报告进行了审查，并同意鸳鸯湖电厂一期工程用水指标以水权转换的方式取得，年取黄河水量 537 万 m^3。该厂按照《宁夏鸳鸯湖电厂项目黄河取水权有偿转换协议》要求支付相应水权转换费。

2. 用水效率控制制度

按照《关于加快水利改革发展的决定》要求，确立用水效率控制红线，坚决遏制用水浪费。加快制定区域、行业和用水产品的用水效率指标体系，加强用水定额和计划管理。严格限制水资源不足地区建设高耗水型工业项目。落实建设项目节水设施与主体工程同时设计、同时施工、同时投产制度。加快实施节水技术改造，全面加强企业节水管理，建设节水示范工程，普及农业高效节水技术。抓紧制定节水强制性标准，尽快淘汰不符合节水标准的用水工艺、设备和产品。GB/T 18916.1—2021《取水定额 第 1 部分：火电发电》、GB/T 26925—2011《节水型企业 火力发电行业》、《电力（燃煤发电企业）行业清洁生产评价指标体系》对火电厂用水强度提出了相关要求。其中，《取水定额 第 1 部分：火电发电》适用于电力工业火力发电企业在生产、设计过程中取水量的管理。《节水型企业 火力发电行业》适用于火力发电行业节水型企业的评价工作。《电力（燃煤发电企业）行业清洁生产评价指标体系》用于发电企业的清洁生产审核、绩效评定、环境影响评价，该指标体系依据综合评价所得分值将清洁生产等级划分为三级，Ⅰ级为国际清洁生产领先水平；Ⅱ级为国内清洁生产领先水平；Ⅲ级为国内清洁生产基本水平，随着技术的不断进步和发展，评价指标体系将适时修订。

3. 水功能区限制纳污制度

按照《关于加快水利改革发展的决定》要求，确立水功能区限制纳污红线，从严核定水域纳污容量，严格控制入河湖排污总量。

各级政府要把限制排污总量作为水污染防治和污染减排工作的重要依据，明确责任，落实措施。对排污量已超出水功能区限制排污总量的地区，限制审批新增取水和入河排污口。对于允许排放污染物的电厂，一般执行 GB 8978—1996《污水综合排放标准》及地方排放标准，火电厂废水中的污染物及 GB 8978—1996 一级标准限值见表 9-1。

表 9-1   火电厂废水中的污染物及 GB 8978—1996

一级标准限值   mg/L

序号	污染物项目	GB 8978—1996 一级标准限值
1	pH	6~9
2	悬浮物	70
3	化学需氧量（COD）	100
4	石油类	5
5	氟化物	10
6	总砷	0.5
7	硫化物	1.0
8	挥发酚	0.5
9	氨氮	15
10	五日生物需氧量（BOD5）	20
11	动植物油	10
12	总铅	1.0
13	总汞	0.05
14	总镉	0.1
15	总铬	1.5
16	总镍	1.0
17	总锌	2.0
18	总铜	0.5

根据电厂废水来源不同，其主要污染因子和排放指标标准也有所差异，现行标准对电厂各类排水的监控指标及范围列表见表 9-2。

表 9-2　现行标准对电厂各类排水的监控指标及范围

序号	废水来源	主要污染因子	回用去向	常用处理方法	相关标准要求	排放指标标准	检测取样点
1	循环水排污水	悬浮物、TDS（总溶解固体）、硬度、总磷、CODcr、浊度	回用作为全厂工业			pH：6.5～8.5；CODcr：≤60mg/L；总硬度：≤4.5 mmol/L；浊度：≤5NTU；TDS（总溶解固体）：≤1000mg/L；总磷含量（以 P 计）：≤1 mg/L	反渗透系统产水
			锅炉补给水原水	软化+沉淀+过滤+超滤+反渗透	GB/T 19923—2005《城市污水再生利用工业用水水质》	pH：6.5～8.5；CODcr：≤60mg/L；总硬度：4.5mmol/L；浊度：≤5NTU；TDS（总溶解固体）：≤1000 mg/L；总磷含量（以 P 计）：≤1 mg/L	反渗透系统产水
			除灰渣等用水		—	—	—

续表

序号	废水来源	主要污染因子	回用去向	常用处理方法	相关标准要求	排放指标标准	检测取样点
	辅机冷却水	温升	直接回用	冷却降温	—	—	—
2	机组杂排水 机组排水槽排水	pH、悬浮物、废热	原水净化站、除灰除渣系统	酸碱中和+混凝沉淀	GB 8978—1996《污水综合排放标准》一级排放标准	pH: 6.5~9; 悬浮物: ≤30 mg/L; 温度: ≤40℃	混凝沉淀池出水口
	空气预热器清洗排水	pH、悬浮物、TDS	脱硫工艺用水、渣水、煤场喷淋、冲洗系统的补充水	pH调整+絮凝沉淀+过滤	GB/T 18920—2020《城市污水再生利用 城市杂用水水质》	pH: 6.5~9; 悬浮物: ≤10mg/L; TDS: ≤1000mg/L	过滤器出水
	锅炉化学清洗排水	pH、悬浮物、TDS	—	—	GB/T 18920—2020《城市污水再生利用 城市杂用水水质》	pH: 6.5~9; 悬浮物: ≤10mg/L; TDS: ≤1000mg/L	
3	化学废水 过滤器、超滤、前置过滤器等反洗和冲洗水		原水预处理系统	—	DL 5068—2014《发电厂化学设计规范》	悬浮物: ≤10 mg/L	过滤器反洗排水口

续表

序号	废水来源	主要污染因子	回用去向	常用处理方法	相关标准要求	排放指标标准	检测取样点
3	化学废水 锅炉补给水和精处理系统酸碱废水	pH、悬浮物、浊度	pH调整后作为全厂工业用水用于水质要求较低的用点	pH调整+絮凝+沉淀+过滤	DL 5068—2014《发电厂化学设计规范》、GB 18918—2002《城镇污水处理厂污染物排放标准》和 GB/T 19923—2005《城市污水再生利用 工业用水水质》	pH: 6.5~8.5 悬浮物：≤30mg/L 浊度：≤5NTU	过滤装置出口
4	含煤废水	悬浮物、浊度	回用于煤场喷淋和栈桥冲洗等	混凝+沉淀+过滤	GB/T 18920—2020《城市污水再生利用 城市杂用水水质》	悬浮物：≤15mg/L 浊度：≤10NTU	过滤装置出口
5	冲渣废水	悬浮物、pH	渣仓和炉下冲渣	重力浓缩+澄清	处理后的出水悬浮物达到30mg/L，可将水循环利用用去冲渣	pH: 6.5~9; 悬浮物：≤30mg/L	澄清池出口
6	厂区生活污水	COD、悬浮物、氨氮、异养菌总数	绿化用水	曝气生物滤池	满足 GB/T 50050—2017《工业循环冷却水处理设计规范》	pH: 5.5~9.0; CODcr: ≤50mg/L; 悬浮物：≤30mg/L	生化反应最末

续表

序号	废水来源	主要污染因子	回用去向	常用处理方法	相关标准要求	排放指标标准	检测取样点
6	厂区生活污水	COD、悬浮物、氨氮、异养菌总数	绿化用水	曝气生物滤池	GB/T 18920—2020《城市污水再生利用 城市杂用水水质》水质标准	总大肠菌群：≤5MPN/100mL	级工艺出水口
7	脱硫废水	氯离子、TDS、重金属、悬浮物	干灰拌湿煤场喷淋，达标排放	加石灰（纯碱）+有机硫+硫酸氯化铁混合反应+沉淀澄清	满足 GB 8978—1996《污水综合排放标准》、DL/T 997—2020《燃煤电厂石灰石-石膏湿法脱硫废水水质控制指标》	pH: 6~9 COD: ≤100mg/L 悬浮物：≤70mg/L	反应沉淀池出口
			实现零排放	预处理+沉淀+全蒸发	固体废物处理标准		
8	原水预处理系统的泥水	含泥	上清液回流至预处理单元	重力浓缩+离心脱水分离处理	水质满足 DL 5068—2014《发电厂化学设计规范》对原水水质要求	悬浮物：≤30mg/L	

119

序号	废水来源	主要污染因子	回用去向	常用处理方法	相关标准要求	排放指标标准	检测取样点
9	工业废水	pH、悬浮物	pH 调整后作为全厂工业用水用于水质要求较低的用水点	pH 调整+絮凝+沉淀过滤	满足 GB/T 18920—2020《城市污水再生利用 城市杂用水水质》等标准中道路清扫、消防用水的相关水质指标要求	pH: 6.5～8.5; TDS（总溶解固体）：≤1000mg/L; 总硬度：≤4.5mmol/L; 浊度：≤5NTU	过滤器出口
10	反渗透浓水	TDS	收集用于脱硫工艺水、煤场喷雾等	—	无须处理、直接回用	—	
11	含油废水	石油类、悬浮物	处理后产生的清水可用于煤场喷淋、冲洗系统的补充水	气浮、过滤	出水满足 GB/T 18920—2020《城市污水再生利用 城市杂用水水质》	石油类：≤1mg/L; 悬浮物：≤10mg/L	过滤或滤池出口

此外，对于火电厂废水排放监测要求有大量的标准进行支撑，如 DL/T 414—2022《火电厂环境监测技术规范》、HJ/T 91—2002《地表水和污水监测技术规范》等，对于火电厂安装水污染源在线监测系统的，其监测系统应满足 HJ 353—2019《水污染源在线监测系统（CODcr、NH₃-N 等）安装技术规范》、HJ 354—2019《水污染源在线监测系统（CODcr、NH₃-N 等）验收技术规范》、HJ 355—2019《水污染源在线监测系统（CODcr、NH₃-N 等）运行技术规范》、HJ 356—2019《水污染源在线监测系统（CODcr、NH₃-N 等）数据有效性判别技术规范》等。

4. 资源管理责任和考核制度

按照《关于加快水利改革发展的决定》要求，严格实施水资源管理考核制度，水行政主管部门会同有关部门，对各地区水资源开发利用、节约保护主要指标的落实情况进行考核，考核结果交由干部主管部门，作为地方政府相关领导干部综合考核评价的重要依据。按照上述要求，2013 年，国务院办公厅印发了《实行最严格水资源管理制度考核办法》；2014 年，水利部、发展改革委、工信部、财政部等 10 部门联合印发了《实行最严格水资源管理制度考核工作实施方案》，建立了全覆盖的最严格水资源管理制度行政首长负责制。以 2016 年为例，实行最严格水资源管理制度考核工作组印发《关于发布"十二五"期末实行最严格水资源管理制度考核结果的公告》，公布了 31 个省（自治区、直辖市）"十二五"期末实行最严格水资源管理制度的考核结果：全国 31 个省（自治区、直辖市）"十二五"期末考核等级均为合格以上，其中山东、江苏、浙江、重庆、上海 5 个省（直辖市）考核等级为优秀。为加快落实十八届五中全会提出的实行水资源消耗总量和强度双控行动，2016 年，水利部印发《关于加强重点监控用水单位监督管理工作的通知》

（水资源〔2016〕1 号），要求到 2018 年，将所有规模以上火核电企业，年用水量 100 万 m^3 以上的工业企业等纳入名录，初步建立重点监控用水单位管理体系。同时要求，流域机构和地方各级水行政主管部门应当对重点监控用水单位其主要用水设备、主要生产工艺用水量、全部水消耗情况、水循环利用率、用水效率等内容进行监控管理。从该文件可以看出，水利主管部门将对火电厂进行全面的用水监管。从水利部发布的《国家重点监控用水单位名录（第一批）》及各省发布的重点监控用水单位名录，大部分火电企业在目录之内。

5. 水资源收费制度

全国最早开始征收水资源费的是辽宁省沈阳市（1980 年底开始收取城市地下水资源费）。1982 年山西省出台了《山西省水资源管理条例》，在全国率先实施取水许可制度，并征收水资源费。《水法》颁布前出台水资源费征收管理办法的有辽宁省（1987 年）和山西省，其余省份均在《水法》颁布后开征水资源费。缺水的北方地区、沿黄河省（区）开征水资源费普遍比水资源供需矛盾相对缓和的沿海省份早。

《取水许可和水资源费征收管理条例》（国务院令第 460 号）、《水资源费征收使用管理办法》（财综〔2008〕79 号）对水资源费征收使用进行了规范，火电厂一般按时按规缴纳水资源费。其中，明确水资源费缴纳数额根据取水口所在地水资源费征收标准和实际取水量确定。水力发电用水和火力发电贯流式冷却用水可以根据取水口所在地水资源费征收标准和实际发电量确定缴纳数额。

不同区域缴纳标准相差较大，水资源丰富地区水资源费缴纳标准相对较低，水资源欠缺地区水资源费缴纳标准相对较高。

第十章

节水管理及评价实施细则[1]

序号	评价项目	标准分	内容与要求	评价依据	评价方法	评定规定及细则	扣分	扣分说明	备注
1	政策要求及执行	45							查评时间不少于1天
1.1	环评及排污许可	25	（1）环评报告、环评批复及环保竣工验收。	（1）企业环境影响评价批复、验收文件。	（1）查阅环评报告、环评批复和环保竣工验收相关文件及现场检查。	（1）无排污许可证、排污许可证过期或按未按排污许可证要求排污的，扣25分。			

[1] 本细则是根据近几年节水管理检查评价实际情况编制，仅供参考。

续表

序号	评价项目	标准分	内容与要求	评价依据	评价方法	评定规定及细则	扣分	扣分说明	备注
1.1	环评及排污许可	25	（2）企业应依法获得具有核发权限的地方环保部门核发的排污许可证，实现"持证排污、按证排污、自证守法"。定期在国家排污许可证管理信息平台填报信息，编制排污许可证执行报告，及时报送给有核发权限的环境保护主管部门并公开	（2）《排污许可证管理暂行规定》（环水体〔2016〕186号）。（3）《排污许可管理办法（试行）》（2018年1月10日施行）。（4）排污许可证	（2）查看排污许可证及变更情况。（3）查阅有关资料或现场查看企业排污状况和排污许可证的一致性。（4）查看月度、季度、年度执行报告台账。（5）全国排污许可证管理信息平台查询系统	（2）未按环评报告、环评验收、环保竣工验收或地方政府要求进行污水中最严要求排放的，扣25分。（3）月度、季度、年度执行报告台账不齐全的，扣1分/处			
1.2	取水许可	10	（1）是否有取水许可，取水许可是否在有效期。	（1）GB/T 35580—2017《建设项目水资源论证导则》。	查阅相关证件，有关运行台账	（1）与取水许可不一致而取用地下水用于生产水源的，扣5分。（2）取水总量超过年度取水计划的，扣5分。			

续表

序号	评价项目	标准分	内容与要求	评价依据	评价方法	评定规定及细则	扣分	扣分说明	备注
1.2	取水许可	10	（2）是否按照要求进行取水、退水管理。（3）取水总量是否超取水许可要求	（2）《取水许可和水资源费征收管理条例》（中华人民共和国国务院令第 460 号）。（3）GB/T 18916.1—2021《取水定额 第 1 部分：火力发电》第 5 条。（4）水资源批复文件。（5）取水许可证	查阅相关证件，有关运行台账	（3）发电量取水量超过取水定额标准上限值，每超 1%扣 1 分。（4）取水方式发生改变，未取得上级行政主管部门许可的，扣 5 分。（5）无取水许可或取水许可过期的，扣 5 分			
1.3	排污口规范化建设	5	按照环保部门要求规范设立排污口	《排污口规范化整治技术要求》（试行）（国家环保局环监〔1996〕470 号）	检查排污口位置和现场设置情况	排污口设立不符合国家和地方要求的技术规范的，扣 1 分/处			
1.4	环境舆情监督	5	企业不应出现涉水环保处罚、环境群体性事件、水环保投诉、群体性事件，有无涉水环保处罚、环境群体性事件	被查评电厂自行申报有无群体性涉水环保事件	（1）询问企业，查阅政府主管部门网站	（1）发生涉水环保处罚事件，地市级处罚扣 1 分/次、省级处罚扣 2			

125

续表

序号	评价项目	标准分	内容与要求	评价依据	评价方法	评定规定及细则	扣分	扣分说明	备注
1.4	环境舆情监督	5	负面报道等情况，配合政府部门的执法监督检查和社会舆论监督，以负责任的态度认真处理环保行政处罚和媒体曝光、社会来信、举报投诉等舆情	处罚	资料。（2）查阅企业对环境舆情处置资料。（3）整改督办处置函	分次，国家级处罚扣3分/次。（2）因不能及时和正确地应对，造成群体性涉水环保事件或社会舆情事件，扣5分/次			
1.5	当地政策		补充属地、流域政策要求	相关文件内容	查阅政策、要求文件，现场核对应措施				
2	基础管理	70							
2.1	组织机构	10	（1）建立健全三级网络管理。（2）企业设置水务管理专责。	（1）DL/T 1337—2014《火力发电厂水务管理导则》4.3条。	（1）查阅水务管理组织机构及有关文件。（2）查阅水务	（1）未成立水务管理机构及网络，组织机构及网络的，扣5分；主要成员发生变动未及时调整的，扣0.5			查评时间不少于0.5天

续表

序号	评价项目	标准分	内容与要求	评价依据	评价方法	评定规定及细则	扣分	扣分说明	备注
2.1	组织机构	10	（3）按要求开展水务管理工作。	（2）DL/T 1052—2016《电力节能技术监督导则》第6.3.5.10条。 （3）DL/T 246—2015《化学监督导则》4.3条	管理相关资料及水务管理活动相关记录（台账、管理日志等）	分次。 （2）机构不健全、职责不明确（未明确厂级领导分管水务工作、未设置分管水务管理负责人等）的，扣0.5分/处。 （3）水务管理人员未能履行管理职责、水务管理台账记录不全的，扣1分			
2.2	制度建设	10	（1）水务管理制度。 （2）水务工作标准。 （3）水务管理考核制度		（1）查阅水务管理相关制度。 （2）检查执行的标准是否及时更新，是否有效	（1）未制定并正式颁布实施相关水务管理制度（至少包括管理办法、工作标准、考核制度）的，扣5分；管理制度不齐全的，扣2分/项；制度履行文件未对指标进行分解、无应对措施的，扣2分/项。			

127

续表

序号	评价项目	标准分	内容与要求	评价依据	评价方法	评定规定及细则	扣分	扣分说明	备注
2.2	制度建设	10	（1）水务管理制度。（2）水务工作标准。（3）水务管理考核制度		（1）查阅水务管理相关制度。（2）检查执行的标准是否及时更新，是否有效	（2）制度与相关法律法规或上级规定相抵触或低于国家、地方及上级规定的，扣0.5分/处。（3）水务管理统计分析包含水务指标相关要求，并按月（季）度进行水务指标异常分析的，扣0.5分/次。（4）制度内容不完整，与企业实际不符的，扣0.5分/处			
2.3	管理台账	20	根据管理规范要求，建立全厂的取水、用水、排水（分析）台账，建立水务管理相关设备台账	DL/T 1337—2014《火力发电厂水务管理导则》4.3条	查阅有关记录、报表、台账、分析报告等	（1）未建立全厂水务监测和测量台账的，扣2分。（2）未建立全厂水务监测和测量仪器检定/校准计划的，扣2分。			

续表

序号	评价项目	标准分	内容与要求	评价依据	评价方法	评定规定及细则	扣分	扣分说明	备注
2.3	管理台账	20	根据管理规范要求，建立全厂的取水、用水、排水（分析）台账，建立水务管理相关的设备台账	DL/T 1337—2014《火力发电厂水务管理导则》4.3条	查阅有关记录、报表、台账、分析报告等	（3）未建立全厂各种用水系统监测和测量仪器（装置）维护保养记录的，扣2分。 （4）未建立全厂水务管理台账（年度）的，扣2分。 （5）未建立原水水质分析管理台账的，扣2分。 （6）未建立总排口废水水质管理台账的，扣2分。 （7）未建立全厂主要分系统用水管理台账的，扣2分。 （8）未绘制全厂用水计量点图的，扣2分。 （9）台账、记录、报告记录不完善，不符合规范要求等的，扣0.5分/项			

续表

序号	评价项目	标准分	内容与要求	评价依据	评价方法	评定规定及细则	扣分	扣分说明	备注
2.4	统计分析	10	加强对主要水务管理技术指标的监管，当主要参数出现异常时，要及时组织分析，制定整改措施	（1）《中国华电集团公司节能管理办法（试行）》（中国华电生〔2007〕374号）第9条、第18条。（2）DL/T 1052—2016《电力节能技术监督导则》第6.3.5.10条	查阅有关记录、报表、例会材料（纪要、报告）等	（1）未按要求开展水务管理日常计量和统计分析工作的，扣5分。（2）未能对日常指标统计中的异常情况组织分析的，扣1分/项；未制定整改措施和计划的，扣1分/项；未落实整改措施和计划的，扣1分/项。（3）厂内指标分析会无水务管理指标分析相关内容的，扣3分；指标分析不到位的，扣1分/项			
2.5	再生水使用管理	5	企业是否按照国家节水型社会建设要求，进行再生水的使用	（1）发改环资〔2017〕128号《节水型社会建设"十三五"规划》。	查看运行记录、现场核查	按环评要求建设有再生水处理系统，且外部条件具备使用再生水，但未投入运行的，扣5分			

续表

序号	评价项目	标准分	内容与要求	评价依据	评价方法	评定规定及细则	扣分	扣分说明	备注
2.5	再生水使用管理	5	企业是否按照国家节水型社会建设要求，进行再生水的使用	（2）DL/T 1052—2016《电力节能技术监督导则》第6.1.2.9条。（3）GB/T 28284—2012《节水型社会评价指标体系和评价方法》附录B	查看运行记录、现场核查	按环评要求建设有再生水处理系统，且外部条件具备使用再生水，但未投入运行的，扣5分			
2.6	水平衡试验	10	企业是否按规范要求开展水平衡测试工作，并制定节水措施或节水改造方案	（1）《中国华电集团公司节能管理办法（试行）》（中国华电生〔2007〕374号）第68条。（2）DL/T 606.5—2024《火力发电厂能量平衡导则 第5部分：水平衡试验》	查阅水平衡测试报告，节水措施、节水改造方案	（1）有以下情形未及时开展水平衡测试工作的，扣5分。1）新机组投入稳定运行一年内。2）主要用水系统、设备已进行了改造，运行工况发生了较大的变化。3）与同类型机组相比，单位发电量取水量明显偏高，或偏离设计水耗较大。			

序号	评价项目	标准分	内容与要求	评价依据	评价方法	评定规定及细则	扣分	扣分说明	备注
2.6	水平衡试验	10	企业是否按照规范要求开展水平衡测试工作，并制定节水措施或节水改造方案	（1）《中国华电集团公司节能管理办法（试行）》（中国华电生〔2007〕374号）第68条。（2）DL/T 606.5—2024《火力发电厂能量平衡导则 第5部分：水平衡试验》	查阅水平衡测试报告、节水措施、节水改造方案	4）在实施节水、废水综合利用或废水零排放工程之前。 5）每三至五年进行一次全厂水平衡测试。（2）未根据水平衡测试报告结果，制定节水措施并实施的，扣3分。（3）水平衡试验未包含全厂各类用水情况的，扣1分/项			
2.7	节水规划	5	企业是否按照国家、行业、集团公司要求，编制企业中长期节水规划	（1）发改环资〔2017〕128号《节水型社会建设"十三五"规划》。（2）DL/T 1052—2016《电力节能技术监督导则》第6.3.5.10条。	查阅企业节水规划文件、指标计划文件	（1）未编制企业中长期节水规划和计划的，扣5分。（2）未制定水务管理年度指标计划的，扣3分。			

续表

序号	评价项目	标准分	内容与要求	评价依据	评价方法	评定规定及细则	扣分	扣分说明	备注
2.7	节水规划	5	企业是否按照国家、行业、集团公司要求，编制企业中长期节水规划	（3）中国华电集团公司《火力发电企业节能技术监督实施细则》第5.8.5.9条	查阅企业节水规划文件，指标计划文件	（1）未编制企业中长期节水规划和计划的，扣5分。 （2）未制定水务管理年度指标计划的，扣3分。			
3	指标管理	95							查评时间不少于1天
3.1	单位发电量取水量	20	指标管控	（1）DL/T 5513—2016《发电厂节水设计规程》第7.2.1条。 （2）GB/T 26925—2011《节水型企业 火力发电行业》第4条表3。	（1）单位发电量取水量指标查阅年度统计记录。 （2）查阅单位发电量取水量日、月统计记录。	（1）全厂的单位发电量取水量超过DL/T 5513—2016表7.2.1范围的上限扣5分，并每超1%扣1分。 （2）全厂的单位发电量取水量在DL/T 5513—2016表7.2.1范围的下限加5分，并每降1%加1分。			

续表

序号	评价项目	标准分	内容与要求	评价依据	评价方法	评定规定及细则	扣分	扣分说明	备注
3.1	单位发电量取水量	20	指标管控	（3）DL/T 1052—2016《电力节能技术监督导则》第6.2.2.8条	（3）查阅月度指标分析会有关单位发电量取水指标相关分析	（3）实行节水改造后的循环冷却机组企业单位发电量取水量超过GB/T 26925—2011 表 3 要求的扣 5 分，并每超过 1%扣 1 分。 （4）采用水力除灰的机组单位发电量取水量可酌情考虑适当增加。 （5）单位发电量取水量指标统计不规范，计算不准确的，扣 1 分。 备注：对于多种类型机组并存的企业，若不能分类型计算单位发电能耗取水量，则单位发电量取水量按企业上一年度发电量进行加权平均计算确定指标基准			

续表

序号	评价项目	标准分	内容与要求	评价依据	评价方法	评定规定及细则	扣分	扣分说明	备注
3.2	复用水率	10	指标检查	（1）DL/T 1052—2016《电力节能技术监督导则》第6.2.2.9条。 （2）GB/T 28284—2012《节水型社会评价指标体系和评价方法》附录B	（1）查阅水平衡测试报告。 （2）查阅有关记录，现场检查	（1）指标统计不准确的，扣1分。 （2）单机容量为125MW及以上循环冷却水湿冷凝汽式电厂全厂复用水率不宜低于95%，每低于基准值1%的，扣1分。 （3）缺水和平水地区全厂复用水率不宜低于98%，每低于基准值1%的，扣1分			
3.3	废水回用率	10	指标检查	（1）DL/T 1052—2016《电力节能技术监督导则》第6.6.6条。	查阅有关记录，现场检查	（1）指标统计不准确的，扣1分。 （2）辅机的密封水、冷却水等未进行循环使用或梯级使用的，扣5分。 （3）工业水回收率宜达到100%，每低于基准值			

续表

序号	评价项目	标准分	内容与要求	评价依据	评价方法	评定规定及细则	扣分	扣分说明	备注
3.3	废水回用率	10	指标检查	(2) GB/T 26925—2011《节水型企业 火力发电行业》第4条、表3	查阅有关记录、现场检查	值10%的，扣1分。(4) 全厂废水回用率大于基准值85%，每低于基准值10%的，扣1分。			
3.4	汽水损失率	15	指标检查	(1) DL/T 246—2015《化学监督导则》第5.1.13条。(2) DL/T 1052—2016《电力节能技术监督导则》第6.2.6.2条。	(1) 查阅统计报表、现场运行日志，现场检查。	(1) 汽水损失率每大于以下基准值0.1%的，扣1分。1) 600MW级及以上机组应不大于锅炉额定蒸发量的1.0%。2) 200～300MW级机组应不大于锅炉额定蒸发量的1.5%。3) 100～200MW（不含）机组蒸发量应不大于锅炉额定蒸发量的2.0%。4) 100MW以下机组应不大于锅炉额定蒸发量的3.0%。			

续表

序号	评价项目	标准分	内容与要求	评价依据	评价方法	评定规定及细则	扣分	扣分说明	备注
3.4	汽水损失率	15	指标检查	（3）DL 5068—2014《发电厂化学设计规范》第5.1.5条	（2）纯凝工况下连续3个月以上数据平均值	（2）指标统计不准确的，扣1分。备注：对于多种类型机组并存的企业，若不能分类型计算，则汽水损失率按锅炉蒸发量进行加权平均计算确定指标基准			
3.5	化学自用水率	10	指标检查	DL/T 1052—2016《电力节能技术监督导则》第6.2.6.1条	查阅有关记录，现场检查	（1）化学自用水率每高于基准值1%的，扣1分。1）采用单纯离子交换除盐装置的化学自用水率不高于10%。2）采用反渗透水处理装置的化学自用水率不高于25%。备注：化学系统产生的冲洗及反洗废水回收			

137

续表

序号	评价项目	标准分	内容与要求	评价依据	评价方法	评定规定及细则	扣分	扣分说明	备注
3.5	化学自用水率	10	指标检查	DL/T 1052—2016《电力节能技术监督导则》第 6.2.6.1 条	查阅有关记录，现场检查	至前端处理入口的不计入自用水总量。 （2）指标统计不准确，扣 1 分。			
3.6	热网补水率	5	指标检查	DL/T 1052—2016《电力节能技术监督导则》第 6.2.6.9 条	查阅有关记录，现场检查	（1）当发电企业负责对供热管网（一次网）管理并补水时，输水管网补水率应小于 0.5%，每高于标准 0.1%的，扣 1 分。 （2）指标统计不准确，扣 1 分。			
3.7	水灰比	5	指标检查	DL/T 1052—2016《电力节能技术监督导则》第 6.2.6 条	查阅有关记录，现场检查	（1）在水力除灰系统管路上未设置取样点的，扣 2 分；未按季度定期测量的，扣 2 分。 （2）高浓度灰浆的水灰比应为 2.5～3，中浓度灰浆应为 5～6，不宜			

续表

序号	评价项目	标准分	内容与要求	评价依据	评价方法	评定规定及细则	扣分	扣分说明	备注
3.7	水灰比	5	指标检查	DL/T 1052—2016《电力节能技术监督导则》第 6.2.6 条	查阅有关记录，现场检查	采用低浓度水力除灰，每高于基准 1%的，扣 1 分。 （3）指标统计不准确的，扣 1 分			
3.8	废水排放指标	20	（1）脱硫废水排放口指标检查。 （2）废水总排放口指标检查。 （3）循环冷却水排放口指标检查。 （4）直流冷却水排放口指标检查（若有）	HJ 820—2017《排污单位自行监测技术指南　火力发电及锅炉》第 5.2 节	查阅有关记录，现场检查	（1）未按照自行监测要求的废水监测频次开展监测的，2 分/项。 （2）未按照自行监测要求的废水监测指标开展监测的，1 分/项。 （3）未开展自行监测工作的，扣 10 分			
4	设备管理	190							查评时间不少于 2 天

续表

序号	评价项目	标准分	内容与要求	评价依据	评价方法	评定规定及细则	扣分	扣分说明	备注
4.1	原水预处理系统	10	（1）系统实际处理能力是否达设计值。 （2）系统管理台账（设备台账、运行台账、运行日志等）。 （3）处理后水质达标情况。 （4）系统污泥及污水去向。 （5）设备健康状况及运维	（1）系统设计处理能力（设计说明书及图纸）。 （2）系统运行规程。 （3）设计值。 （4）DL/T 5513—2016《发电厂节水设计规程》第5.10条。 （5）DL 5068—2014《发电厂化学设计规范》第3.1.1.3条。 （6）DL/T 1337—2014《火力发电厂水务管理导则》第5.3条c	查阅有关档案、运行管理台账、现场检查	（1）实际处理能力未达设计值且影响全厂生产补水需要的，扣3分。 （2）系统未按运行规程运行的，扣3分。 （3）未达设计值且不满足下游用户用水水质需求的，扣2分。 （4）处理后未按固废进行处置的，扣3分。 （5）滤池反洗水和脱泥机出水未回收的，扣2分。 （6）系统无法稳定投运的，扣3分。 （7）系统无法连续稳定投运未及时消缺的，扣3分			

序号	评价项目	标准分	内容与要求	评价依据	评价方法	评定规定及细则	扣分	扣分说明	备注
4.2	再生水深度处理系统	10	(1) 系统实际处理能力是否达设计值。 (2) 系统管理台账（设备台账、运行日志等）。 (3) 处理后水质达标情况。 (4) 系统污泥去向。 (5) 设备健康状况及运维	(1) 系统设计处理能力（设计图纸）。 (2) 系统运行规程。 (3) 设计值。 (4) 系统运行规程	查阅有关档案、运行管理台账、现场检查	(1) 实际处理能力未达设计值且影响全厂生产补水需要的，扣3分。 (2) 系统未按运行规程运行的，扣3分。 (3) 未达设计值且不满足下游用户用水水质需求的，扣2分。 (4) 处理后污泥未按固废进行正常运行处置的，扣3分。 (5) 系统无法正常运行及未及时消缺的，扣3分。			
4.3	主机循环水处理系统	25	(1) 浓缩倍率。 (2) 动态模拟试验。 (3) 运行监督。 (4) 回用管理	(1) DL/T 783—2018《火力发电厂节水导则》。 (2) DL/T 1337—2014《火力发电厂水务管理导则》。	(1) 查阅试验记录、现场检查。 (2) 统计周期为12个月数据	(1) 采用地表水、地下水或海水淡化水作为补充水时，浓缩倍率3～5倍（结合凝汽器材质使用要求）；月度均值低于标准值的，扣1分/月。 (2) 采用再生水作为补充水时，浓缩倍率不宜			

续表

序号	评价项目	标准分	内容与要求	评价依据	评价方法	评定规定及细则	扣分	扣分说明	备注
4.3	主机循环水处理系统	25	(1) 浓缩倍率。(2) 动态模拟试验。(3) 运行监督。(4) 回用管理	(3) DL/T 5513—2016《发电厂节水设计规程》。(4) DL/T 300—2011《火电厂凝汽器防腐防垢导则》。(5) HG/T 2160—2008《冷却水动态模拟试验方法》。(6) DL/T 712—2021《发电厂凝汽器及辅机冷却器管选材导则》。(7) 运行规程。(8) DL/T 1052—2016《电力节能技术监督导则》第6.2.6.4条、DL/T 1337—2014《火力发电厂水务管理导则》	(1) 查阅试验记录、现场检查。(2) 统计周期为12个月数据	低于3倍(结合凝汽器材质使用要求、充分回用、地方标准有其他指标限值的除外);月度均值低于标准值的,扣1分/月。(3) 未做循环水动态模拟试验的,扣5分。(4) 在更换药剂、循环水质变化较大时未重新做动态模拟试验的,扣3分。(5) 循环水动态模拟试验后未制定相关监督措施的,扣3分。(6) 未按试验结果保持高循环水浓缩倍率运行(充分回用、地方标准有其他指标限值的除外)的,扣5分。(7) 无相关监督记录扣5分或记录不全扣0.5分/处。			

续表

序号	评价项目	标准分	内容与要求	评价依据	评价方法	评定规定及细则	扣分	扣分说明	备注
				则》第5.3条。 （9）GB/T 26925—2011《节水型企业 火力发电行业》		（8）补水控制不良，造成水池经常性溢流的，扣1分/次。 （9）循环水排污水未在以下系统充分利用的，每项扣3分。 1）湿法烟气脱硫系统、除灰渣系统； 2）输煤栈桥冲洗和煤场喷淋。 （10）燃煤机组循环水排污回收率不应低于90%，每低于基准值1%扣1分。 （11）循环水排污水（或其他非常规水源）经深度处理后作为锅炉补给水、热网补水处理系统及循环水系统的补充水源的，加5分			
4.3	主机循环水处理系统	25	（1）浓缩倍率。 （2）动态模拟试验。 （3）运行监督。 （4）回用管理		（1）查阅试验记录，现场检查。 （2）统计周期为12个月数据				

续表

序号	评价项目	标准分	内容与要求	评价依据	评价方法	评定规定及细则	扣分	扣分说明	备注
4.4	锅炉补给水处理系统	10	（1）系统实际处理能力是否达设计值。（2）系统管理合账（设备合账、运行台账、运行日志等）。（3）处理后水质达标情况。（4）锅炉补给水系统排水、反洗水、再生废水回用情况	（1）系统设计处理能力（设计说明书及图纸）。（2）系统运行规程。（3）设计值。（4）DL/T 783—2018《火力发电厂节水导则》。（5）DL/T 1337—2014《火力发电厂水务管理导则》。（6）DL/T 5513—2016《发电厂节水设计规程》	查阅有关档案、运行管理台账、现场检查	（1）实际处理能力未达设计值且影响全厂生产补水需要的，扣3分。（2）系统未按运行规程运行的，扣3分。（3）未达设计值且不满足下游用户用水水质需求的，扣3分。（4）原水（包括中水）预处理系统的澄清设备预处理系统的澄清设备反洗排水、未经污泥过滤浓缩池澄清处理并回收至原水、澄清处理并回收至原水（或作为循环水、脱硫及除渣系统补充水），扣3分。（5）反渗透设备产生的浓水，未作为湿法脱			

144

续表

序号	评价项目	标准分	内容与要求	评价依据	评价方法	评定规定及细则	扣分	扣分说明	备注
4.4	锅炉补给水处理系统	10	(1)系统实际处理能力是否达设计值。 (2)系统管理台账(设备台账、运行台账,运行日志等)。 (3)处理后水质达标情况。 (4)锅炉补给水、反洗水、再生废水等回用情况	(1)系统设计处理能力(设计说明书及图纸)。 (2)系统运行规程。 (3)设计值。 (4)DL/T 783—2018《火力发电厂节水导则》。 (5)DL/T 1337—2014《火力发电厂水务管理导则》。 (6)DL/T 5513—2016《发电厂节水设计规程》	查阅有关档案、运行管理台账,现场检查	硫工艺用水、输煤系统、湿除渣系统补充水等(海水不适用),扣3分。 (6)除盐设备反洗水、正洗水、表面式原水加热器的疏水等,未按设计回收至预除盐系统的(或作为循环水系统补充水),扣3分。 (7)除盐设备再生废水经中和处理后,未作为湿法脱硫工艺用水、干灰渣调湿用水、灰场抑尘用水等,扣3分。 (外销石膏对氯离子有限值,不受本条限制)			

续表

序号	评价项目	标准分	内容与要求	评价依据	评价方法	评定规定及细则	扣分	扣分说明	备注
4.5	凝结水精处理系统	10	（1）系统实际处理能力是否达设计值。（2）系统管理台账（设备台账、运行日志等）。（3）处理后水质达标情况。（4）凝结水精处理系统排水、反洗、再生废水等回用情况	（1）系统设计处理能力（设计说明书及图纸）。（2）系统运行规程。（3）设计值。（4）DL/T 783—2018《火力发电厂节水导则》。（5）DL/T 1337—2014《火力发电厂水务管理导则》。（6）DL/T 5513—2016《发电厂节水设计规程》	查阅有关档案、运行管理台账、现场检查	（1）实际处理能力未达设计值且影响全厂产水补水需要的，扣3分。（2）系统未按运行规程运行的，扣3分。（3）未达设计值且用户用水水质需求的，扣2分。（4）树脂输送排水、部分正洗排水等回收作为循环水系统补充水或其他工业用水的，加3分。（5）前置过滤器反洗水未回用的，扣3分。（6）再生废水中和后未用于干灰调湿、干灰场喷洒、湿法烟气脱硫用水，以及输煤系统喷洒、除尘、冲洗等，扣3分			

续表

序号	评价项目	标准分	内容与要求	评价依据	评价方法	评定规定及细则	扣分	扣分说明	备注
4.6	热力系统	10	疏水、锅炉排污水等回用情况	（1）DL/T 783—2018《火力发电厂节水导则》。 （2）DL/T 1337—2014《火力发电厂水务管理导则》。 （3）DL/T 5513—2016《发电厂节水设计规程》	查阅有关记录、现场检查	（1）热力设备、管道的经常性疏水、辅机密封水及冷却水、疏水扩容器和连续排污扩容器排水等未回收利用，扣5分。 （2）设备和管道的启动疏水、事故及检修放水，锅炉排污水等排水，作为循环水系统补充水或其他工业用水，加5分。 （3）热力设备水压试验排水、冲洗水未根据水质进行回收利用，扣3分。 （4）汽水取样装置的取样排水回收利用的加2分			

续表

序号	评价项目	标准分	内容与要求	评价依据	评价方法	评定规定及细则	扣分	扣分说明	备注
4.7	生活给水系统	5	（1）节水型用水器具。 （2）用水定额。 （3）系统管网泄漏情况。 （4）生活给水用水情况	（1）CJ/T 164—2014《节水型生活用水器具》。 （2）DL/T 5339—2018《火力发电厂水工设计规范》。 （3）GB 50013—2018《室外给水设计标准》。 （4）CJ/T 206—2005《城市供水水质标准》中 6.7 项	查阅有关记录，现场检查	（1）厂区生活用水场所未使用节水型水龙头和器具，扣 2 分。 （2）生活用水量超用水定额规定值的，每升高 10%扣 2 分。 （3）生活给水用于绿化、冲洗等辅助生产的，扣 2 分。 （4）非市政管网供水的饮用水系统，未定期进行理化指标检测的，扣 1 分。			
4.8	消防给水系统	10	（1）系统管网泄漏情况。 （2）消防水是否他用	（1）GB 50974—2014《消防给水及消火栓系统技术规范》第 14.0.7 条。 （2）《中华人民共和国消防法》第 46 条	查阅消防水泵运行记录，现场检查	（1）消防给水管网明显泄漏的，扣 5 分。 （2）现场检查发现消防水用于其他用途的，扣 10 分			

序号	评价项目	标准分	内容与要求	评价依据	评价方法	评定规定及细则	扣分	扣分说明	备注
4.9	脱硫用水及废水系统	25	（1）系统实际处理能力是否达设计值。 （2）系统管理台账（设备台账、运行台账、运行日志等）。 （3）处理后水质达标情况。 （4）处理后去向。 （5）设备健康状况及运维。 （6）其他。	（1）系统设计处理能力（设计说明书及图纸）。 （2）脱硫废水处理系统运行规程。 （3）GB 8978—1996《污水综合排放标准》第4.2、4.3条。 （4）排污许可证，DL/T 997—2020《燃煤电厂石灰石-石膏湿法脱硫废水水质控制指标》第4.2条。 （5）排污许可证。 （6）脱硫废水处理系统运行规程。	查阅有关管理台账、核查脱硫废水自行监测报告、现场检查	（1）脱硫废水处理系统处理能力不能达设计值或未按环保要求进行全部回用的，扣10分。 （2）实际处理能力未达设计值未及时分析原因并妥善解决的，扣5分。 （3）脱硫废水处理系统未按设计及运行规程进行加药处理的，扣5分。 （4）脱硫废水未开展监测，扣5分。 （5）脱硫废水监督指标有超标现象，扣2分。 （6）系统未安装在线脱硫废水流量计，扣2分。 （7）处理后未综合利用的，扣10分。			

续表

序号	评价项目	标准分	内容与要求	评价依据	评价方法	评定规定及细则	扣分	扣分说明	备注
4.9	脱硫用水及废水系统	25	（1）系统实际处理能力是否达设计值。 （2）系统管理台账（设备台账、运行台账、运行日志等）。 （3）处理后水质达标情况。 （4）处理后去向。 （5）设备健康状况及运维。 （6）其他。	（7）DL/T 1337—2014《火力发电厂水务管理导则》第5.5条。 （8）中国华电集团公司《火电厂烟气脱硫（石灰石-石膏法）设计导则》（D版）》第10.2.1条	查阅有关管理台账、核查脱硫废水自行监测报告、现场检查	（8）脱硫废水处理系统设计有缺陷不能正常投入运行的，扣10分。 （9）脱硫废水处理设备经常有缺陷未及时消缺的，扣5分。 （10）在满足脱硫系统工艺用水水质要求的情况下，脱硫系统工艺用水未优先选用酸碱中和废水、反渗透浓水、循环冷却水排水时，扣10分。 （11）脱硫废水行泥未处理外排的，扣5分。 （12）湿式除尘器排水未回收利用的，扣2分。 （13）脱硫系统氯离子指标未按标准要求执行：废水中的氯离子含量一般控制在20000mg/L以下			

序号	评价项目	标准分	内容与要求	评价依据	评价方法	评定规定及细则	扣分	扣分说明	备注
4.10	工业废水系统	15	（1）系统实际处理能力是否达设计值。 （2）系统管理台账（设备台账、运行日志等）。 （3）处理后水质达标情况。 （4）处理后去向。 （5）设备健康状况及运维	（1）系统设计处理能力（设计说明书及图纸）。 （2）工业废水处理系统运行规程。 （3）GB 8978—1996《污水综合排放标准》第4.2、4.3条。 （4）排污许可证。 （5）环评批复、排污许可证。 （6）工业废水处理系统运行规程	查阅有关档案、运行管理台账、运行日志，现场检查	（1）实际处理能力不能达设计值或废水未全部进行处理和回用的，扣3分。 （2）实际处理能力未达设计值未分析原因并合理解决的，扣3分。 （3）系统未按运行规程运行的，扣3分。 （4）系统未充分回用的，扣3分。 （5）未经处理或处理后未达标或溢流而排放的，扣3分。 （6）系统未正常投运的，扣3分。 （7）系统无法正常投运未及时消缺的，扣3分			

续表

序号	评价项目	标准分	内容与要求	评价依据	评价方法	评定规定及细则	扣分	扣分说明	备注
4.11	生活污水处理系统	10	（1）系统实际处理能力是否达设计值。（2）系统管理台账（设备台账、运行台账、运行日志等）。（3）处理后水质达标情况。	（1）系统设计处理能力（设计说明书及图纸）。（2）生活污水处理系统运行规程。（3）GB 8978—1996《污水综合排放标准》。（4）排污许可证。（5）下游复用水点的相关水质标准要求。（6）设计值。	查阅有关档案、运行管理台账，现场检查	（1）实际处理能力不能达设计值或废水未全部进行处理和回用的，扣3分。（2）实际处理能力未达设计值未及时分析原因并合理解决的，扣3分。（3）未设置独立的生活污水处理系统，或生活污水处理系统未正常运行的，扣3分（外排纳管例外）。（4）处理水质未达设计值的，扣2分。（5）生活污水经处理后未充分回收利用，直接外排的，扣3分。（6）厂区生活污水处理后未满足排污许可证外排的，扣10分。			

续表

序号	评价项目	标准分	内容与要求	评价依据	评价方法	评定规定及细则	扣分	扣分说明	备注
4.11	生活污水处理系统	10	（4）处理后去向。（5）设备健康状况及运维。	（7）环评批复、排污许可证、节水规划、用水优化。（8）生活污水处理系统运行规程	查阅有关档案、运行管理台账，现场检查	（7）系统未连续稳定投运的，扣3分。（8）系统无法正常投运未及时消缺的，扣3分			
4.12	含油废水处理系统	10	（1）系统实际处理能力是否达设计值。（2）系统管理台账（设备台账、运行台账、运行日志等）。（3）处理后水质达标情况。（4）处理后去向。（5）设备健康状况及运维	（1）系统设计处理能力（设计说明书及图纸）。（2）含油废水处理系统运行规程。（3）下游复用水点的相关水质标准要求。（4）设计值。（5）环评批复、排污许可证、节水规划、用水优化。（6）含油废水处理系统运行规程	查阅有关档案、运行管理台账，现场检查	（1）实际处理能力不能达设计值或废水未全部进行处理和回用的，扣3分。（2）实际处理能力未达设计值未对分析原因并合理解决的，扣3分。（3）未按要求设置独立的含油废水处理系统，或含油废水处理系统未正常运行的，扣10分。（4）含油废水处理系统未进行运维，故障率较高的，扣3分。			

153

续表

序号	评价项目	标准分	内容与要求	评价依据	评价方法	评定规定及细则	扣分	扣分说明	备注
4.12	含油废水处理系统	10	（1）系统实际处理能力是否达设计值。 （2）系统管理台账（设备台账，运行日志等）。 （3）处理后水质达标情况。 （4）处理后去向。 （5）设备健康状况及运维。	（1）系统设计处理能力（设计说明书及图纸）。 （2）含油废水处理系统运行规程。 （3）下游复用用水点的相关水质标准要求。 （4）设计值。 （5）环评批证、排污许可证、节水规划、用水优化。 （6）含油废水处理系统运行规程。	查阅有关档案、运行管理台账、现场检查	（5）出水水质未达设计值的，扣2分。 （6）含油废水经处理后未充分回收利用，直接外排的，扣3分。 （7）含油废水经处理后未满足环评批复，或排污许可要求外排的，扣2分。 （8）系统未正常投运的，扣10分。 （9）系统无法正常投运未及时消缺的，扣10分。			
4.13	含煤废水处理系统	10	（1）系统实际处理能力是否达设计值。 （2）系统管理台账（设备台账，运行日志等）。	（1）系统设计处理能力（设计说明书及图纸）。 （2）含煤废水处理系统运行规程。	查阅有关档案、运行管理台账、现场检查	（1）实际处理能力未能达设计值或该废水未全部系统内回用的。 （2）实际处理能力未达设计值未及时分析原因并合理解决的，扣3分。 （3）未设置独立的含			

154

续表

序号	评价项目	标准分	内容与要求	评价依据	评价方法	评定规定及细则	扣分	扣分说明	备注
4.13	含煤废水处理系统	10	（3）处理后水质达标情况。 （4）处理后去向。 （5）设备健康状况及运维。 （6）其他	（3）DL/T 5046—2018《发电厂废水治理设计规范》第10.2.4条。 （4）DL/T 5513—2016《发电厂节水设计规程》第5.9条。 （5）含煤废水处理系统运行规程。 （6）DL/T 1337—2014《火力发电厂水务管理导则》第5.5条	查阅有关档案，运行管理台账，现场检查	煤废水处理系统，或含煤废水处理系统未正常连续运行的，扣10分。 （4）含煤废水处理系统未正常进行运维故障率较高的，扣3分。 （5）出水水质未达设计值的，扣2分。 （6）含煤废水经处理后未循环利用的，或有连续溢流的，扣3分。 （7）系统未正常投运的，扣10分。 （8）系统无法正常投运未及时消缺的，扣10分。 （9）系统补水未优先采用处理合格的含油废水、生活污水、工业废水、循环水排污水的或使用新鲜水补水的，扣10分			

续表

序号	评价项目	标准分	内容与要求	评价依据	评价方法	评定规定及细则	扣分	扣分说明	备注
4.14	灰渣水系统	10	（1）系统补水。 （2）系统运行	（1）DL/T 5513—2016《发电厂节水设计规程》第5.7.2条。 （2）DL/T 1337—2014《火力发电厂水务管理导则》第5.7条	查阅有关记录、现场检查	（1）使用新鲜水补水的，扣10分。 （2）湿除渣系统采用工业废水等高盐水作为补充水的，扣5分。 （3）湿除渣系统未做到闭式循环有溢流水外排的，扣5分。 （4）湿除渣系统采用脱硫废水运行良好的，加5分。 （5）当采用湿式电除尘器时，除尘水的排水未回收利用的，扣2分			

续表

序号	评价项目	标准分	内容与要求	评价依据	评价方法	评定规定及细则	扣分	扣分说明	备注
4.15	水力除灰、水力除渣系统	10	(1) 系统补水。 (2) 系统运行	(1) DL/T 5046—2018《发电厂废水治理设计规范》第 7 章灰水处理。 (2) DL/T 1337—2014《火力发电厂水务管理导则》第 5.6 条	查阅冲灰水泵、冲渣水泵、回收水泵相关运行记录,现场检查	(1) 除灰系统用水、灰库地面冲洗水、干灰拌湿水、灰场抑尘水未优先采用化学除盐再生废水、脱硫废水、循环水排污水等废水的,扣 5 分。 (2) 使用新鲜补水的,扣 5 分。 (3) 水力除灰系统未按环保要求做到闭式循环的,扣 10 分。 (4) 灰渣坝体渗水未按环保要求收集回用的,扣 10 分。 (5) 灰场未做防渗处理或防渗不达标的,扣 10 分			

续表

序号	评价项目	标准分	内容与要求	评价依据	评价方法	评定规定及细则	扣分	扣分说明	备注
4.16	雨水利用系统	10	雨水利用情况	（1）DL/T 5339—2018《火力发电厂水工设计规范》第 14.2 条。（2）DL/T 5513—2016《发电厂节水设计规程》第 5.9 条。（3）DL/T 1337—2014《火力发电厂水务管理导则》	查阅有关记录、现场检查	（1）厂区管网未进行雨污分流的，扣 2 分。（2）雨污分流但有其他污水、废水排入雨水管网的，扣 2 分。（3）露天煤场未设置初期雨水收集池的，扣 2 分。（4）雨水利用系统未采取措施防止污水混入的，扣 2 分。（5）滨海电厂未采取防止海水漏入雨水系统措施的，扣 2 分。			
5	计量管理	40							查评时间不少于1天

续表

序号	评价项目	标准分	内容与要求	评价依据	评价方法	评定规定及细则	扣分	扣分说明	备注
5.1	计量管理	20	计量管理文件要求	（1）DL/T 1337—2014《火力发电厂水务管理导则》第4.3 b、c、d款。 （2）GB 17167—2006《用能单位能源计量器具配备和管理通则》。 （3）DL/T 1052—2016《电力节能技术监督导则》第6.3.5.10条。 （4）JJF 1356—2012《重点用能单位能源计量审查规范》	查阅发布文件记录，现场检查	（1）无专人负责用水计量器具的管理工作，扣5分。 （2）用水计量设备管理人员未通过相关部门的培训考核，持证上岗，扣5分。 （3）全厂计量、监测仪表的维护管理细则不含水务内容的，扣5分。 （4）无全厂用水计量仪表台账、校验和维护记录不合账的，扣5分。 （5）水计量器具未定期检定（校准）的，扣0.2分/块。 （6）强制检定的水计量器具，其检定周期、检定方式不符合有关计量技术法规的规定，扣1分/块			

续表

序号	评价项目	标准分	内容与要求	评价依据	评价方法	评定规定及细则	扣分	扣分说明	备注
5.2	计量现状	20	计量管理	（1）DL/T 1337—2014《火力发电厂水务管理导则》第4.3 b、c、d 款。 （2）GB 17167—2006《用能单位能源计量器具配备和管理通则》。 （3）DL/T 1052—2016《电力节能技术监督导则》第6.3.5.10条。 （4）JJF 1356—2012《重点用能单位能源计量审查规范》	查阅记录文件资料，现场核对	（1）计量点图绘制是否正确完整，计量点不全的，扣1分/项。 （2）测点布置不合理、安装不符合技术要求，扣1分/项。 （3）一级用水计量（取水的计量）的仪表配备率、合格率和检测率均应达到100%，每低于基准值1%的，扣1分；无远传信号功能的，扣1分/块。 （4）二级用水计量（各类分系统）的仪表配备率、合格率应达到100%，检测率应达到95%，每低于基准值1%的，扣1分；无远传信号功能的，扣1分/块。 （5）三级用水计量（各			

续表

序号	评价项目	标准分	内容与要求	评价依据	评价方法	评定规定及细则	扣分	扣分说明	备注
5.2	计量现状	20	计量管理	（1）DL/T 1337—2014《火力发电厂水务管理导则》第4.3 b、c、d款。 （2）GB 17167—2006《用能单位能源计量器具配备和管理通则》。 （3）DL/T 1052—2016《电力节能技术监督导则》第6.3.5.10条。 （4）JJF 1356—2012《重点用能单位能源计量审查规范》	查阅记录文件资料，现场核对	设备和设施用水、生活用水计量）也应配置仪表，检测率应达到85%以上，每低于基准值1%的，扣1分。 （6）水计量器具准确度等级优于或等于2级，低于该精度等级的，扣0.5分/块。 （7）对零散用水或间歇用水，可根据现场实际条件，未进行直接测量、计算或估算的，扣0.1分/处。 （8）电厂废水总排放口、循环冷却水排放或直流冷却水排放口、脱硫废水排放口未按环保要求配置流量计量装置的，扣1分/处			

续表

序号	评价项目	标准分	内容与要求	评价依据	评价方法	评定规定及细则	扣分	扣分说明	备注
6	其他	了解项							查评时间不少于0.5天
6.1			全厂水资源梯级利用情况描述	(1) DL/T 5513—2016《发电厂节水设计规程》。(2) DL/T 1337—2014《火力发电厂水务管理导则》	查阅运行记录、现场核查				
6.2			(1) 针对部分不满足要求的系统，正在采取的措施等。(2) 电厂目前正在做的前期工作介绍。(3) 初步改造计划		查阅提供资料翔实度				

续表

序号	评价项目	标准分	内容与要求	评价依据	评价方法	评定规定及细则	扣分	扣分说明	备注
6.3	厂址位置		是否位于《中共中央 国务院关于全面加强生态环境保护 坚决打好污染防治攻坚战的意见》"七、着力打好碧水保卫战"所确定的区域	《中共中央 国务院关于全面加强生态环境保护 坚决打好污染防治攻坚战的意见》	厂区地理位置判定				
6.4	费用明细		（1）发电水费（含水资源税）。（2）维护费用。（3）运行费用。（4）污水处理费。（5）环保税	（1）掌握全厂用水量及发电成本中水费的比例。（2）掌握化学维护费用及占全厂检修维护费用的比例。（3）掌握各系统制水消耗药剂及费用情况	查阅 ERP 系统，上一年度化学专业费用	（1）年度用水总量及总水费情况。（2）发电成本中水费占比情况。（3）年度化学专业维护费情况。（4）化学维护费与全厂维护费占比情况。（5）了解年度化学运行总费用情况。			

续表

序号	评价项目	标准分	内容与要求	评价依据	评价方法	评定规定及细则	扣分	扣分说明	备注
6.4	费用明细		(1)发电水费(含水资源税)。 (2)维护费用。 (3)运行费用。 (4)污水处理费。 (5)环保税	(1)掌握全厂用水量及发电成本中水费的比例。 (2)掌握化学维护费用总量及占全厂检修维护费用的比例。 (3)掌握各系统制水消耗药剂及费用情况	查阅 ERP 系统,上一年度化学专业费用	(6)了解年度预处理系统用药剂总量及费用情况。 (7)了解年度循环水处理用药剂总量及费用情况。 (8)了解年度脱硫废水处理系统用药剂总量及费用情况。 (9)了解年度水处理系统再生用酸碱总量及费用情况。 (10)了解年度凝结水精处理系统再生用酸碱总量及费用情况。 (11)了解其他系统用药剂总量及费用情况。			

注 1. 水务管理定义:建立全厂水系统关键水量及水质监测体系,对全厂各种取水、用水、排水的全过程进行计划、实施和监督管理。

2. 内容填写要详细,确保内容真实、详尽。

3. 1.1项要求的内容，若不满足，则被评价电厂无论得分率如何则归类为红色预警电厂。

4. 各项扣分值最高为本项应得分全扣，汇总时各项均不出现负值。

5. 评价时某项对评价电厂不适用，则该项不计入评价项。

6. 预警分类原则：

（1）红色预警类：①不允许设置排放口，而存在排放现象的电厂；②允许设置排放口，但部分废水处理设施不能正常运行，无法满足排污许可证要求的电厂；③地方政府及流域有明确取排水要求，暂未纳入排污许可证的，或有明确限期治理要求的电厂；④评价得分率低于60%的电厂。

（2）黄色预警类：①基本满足排污许可证要求，废污水治理设施可靠性较差，存在一定的环保隐患，但不涉及违法情况和限期治理要求的电厂；②评价得分率60%～70%的电厂。

（3）蓝色预警类：①根据排污许可证要求，允许设置排放口，废水处理设施运行正常，满足排污许可证要求，但单位发电量取水量较高，有节水潜力或设备设施运行基本正常，各项指标均能满足国家和地方环保要求。②评价得分率70%～80%的电厂。

（4）绿色类：①各废水处理系统运行正常，节水潜力不明显且无设备设施优化治理需求的电厂；②评价得分率80%以上的电厂。

第十一章

节水管理及评价查评模板

一、报告封面

编号：××-××-××

××公司节水管理与水污染防治
查评报告

项目名称：<u>××××</u>

委托单位：<u>××××</u>

日　　期：××××年××月××日—××××年××月××日

××××××

二、报告扉页

项目名称：××××

负责单位：××××

委托单位：××××

项目负责人：×××

主要参加人：×××

批　　准：×××

审　　核：×××

编　　写：×××

（注：本页需要手写签名，并签注日期）

三、报告摘要

摘　　要

（说明：用 300～500 字简要说明本次查评报告的主要内容、过程及结论）

为深入贯彻生态环境保护、生态文明建设思想，科学制定《×××集团有限公司火电厂优化用水及水污染防治行动计划》，着力打好碧水保卫战，实现集团公司火电厂"科学取水、高效用水、合法排水"，打造绿色企业愿景，决定开展"火电厂水务管理及污染防治现状评价"工作。

1. 工作目标

（1）评估并完善《火电厂水务管理及污染防治现状评价方案》《火电厂水务管理及污染防治现状评价体系》《火电厂水务管理及水处理设备设施台账范本》。

（2）构建"火电厂水务管理及污染防治数据库模型"。

（3）抽调××集团专家、部分区域公司水务管理（或化水管理人员）人员进行评价工作培训，打造××集团公司专业化评价队伍，为全面评价做好人才储备。

2. 评价内容

评价体系主要包括基础管理、指标管理、设备管理等6部分：

（1）政策要求与执行。掌握环评文件、取水许可、排污许可、地方及流域等对火电厂用排水的要求，并对执行现状进行评价。

（2）基础管理。对火电厂水务管理组织机构、制度体系、台账管理、水平衡试验等进行评价。

（3）指标管理。对有关水务管理各项指标进行评价。

（4）设备管理。对各水处理系统设备性能、管理现状进行评价。

（5）计量管理。对计量表计配置及管理、使用、维护情况进行评价。

（6）其他情况。主要了解火电厂水费构成、收费标准、成本占比、运维费用投入情况及水系统改造、水资源梯级利用；部分不满足要求的系统正在采取的措施；正在开展的前期工作、计划、规划等。

关键词：节水；取水；用水；节水优化

四、报告目录

目　　录

五、报告正文

一、全厂概况

介绍机组基本信息，包括全厂总装机容量、单机装机容量、主机冷却方式、辅机冷却方式、近 3～5 年机组年利用小时数。

全厂主要用水耗水指标（单位发电量取水量、单位发电量耗水量、复用水量、串用水量、回用水量、循环水量、汽水损失率、重复利用率、排放水率、废水回用率、循环水排污回收率等数据，近 3～5 年）等，格式参照表 1-1。

表 1-1　　　　　全厂主要用水耗水指标

项　　目	数值	项　　目	数值
总取水量（m^3/h）		重复利用率（%）	
总用水量（m^3/h）		排放水率（%）	
总排放水量（m^3/h）		不平衡率（%）	
复用水量（m^3/h）		废水回用率（%）	
串用水量（m^3/h）		循环水排污回收率（%）	
回用水量（m^3/h）		单位发电量取水量（m^3/MWh）（扣除工业供汽）	
循环水量（m^3/h）		单位发电量耗水量（m^3/MWh）	
汽水损失率（%）			

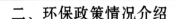

二、环保政策情况介绍

1. 环评批复文件要求

说明电厂各机组环评报告及环评批复中对废水排放的具体要求，电厂废水实际排放情况，是否符合环评批复文件要求。

2. 排污许可证要求

说明电厂排污许可证中对废水排放的要求，包括允许排放口设置情况、排污水水质要求、排污总量要求等信息。电厂废水实际排放情况是否满足排污许可证中相关要求。

3. 区域环保政策发展及近年来对电厂废水排放新要求

随着国家环保政策日趋严格，相关地方或流域环保政策有所变化，电厂应密切跟踪电厂所在地相关环保政策变化情况，适应新形势、新要求。整理所在地地方相关新政策要求，说明地方政府对电厂废水排放的具体要求。

将上述文件的相关内容作为附件附在报告中，格式参照表 2-1。

表 2-1   全厂废水外排现状

项　　目	排放量（m³/h）	水质是否超标	排放去向	是否合规
废水类别（循环水排污水、脱硫废水、工业废水、生活污水等，分类单列）		明确超标指标具体内容		
…				

三、水源情况

摸清电厂各类实际水源使用情况，各水源水质情况，格式参照表 3-1。

收集日报、月报、年报统计报表中的取水总量、各系统补水

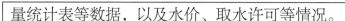

量统计表等数据，以及水价、取水许可等情况。

说明电厂取水许可证中取水水源、取水总量、退水等相关要求，取水证是否在有效期内，电厂实际取水是否满足取水许可证的相关要求。

表 3-1　　　　全厂各类实际水源使用情况

水源	批复用量（m³/h）	实际用量（m³/h）	水价	是否合规
地表水				
地下水				
再生水				
矿井水				
…				

四、水务管理体系建设情况

电厂是否有明确的水务管理制度，节水奖励机制是否完善，用水节水管理是否有专人负责，全厂水资源综合利用规划如何？目前全厂主要节水措施有哪些，节水效果如何？

水平衡试验周期是否符合 DL/T 606.5—2024《火力发电厂能量平衡导则　第 5 部分：水平衡试验》相关要求，水平衡试验结论如何？试验后是否及时依据试验报告进行水务管理优化？

若有水务管理等相关制度，可作为附件提供。

五、给、排水系统现状

1. 取水及原水预处理系统

取水水源可靠性是否有保障，取水水质季节变化情况，收集电厂原水逐月水质分析报表（附水质分析表），近三年水质指标是否稳定、有无恶化趋势，电厂应对水质恶化的对策等。

原水预处理系统概述，收集整理该系统主要工艺流程图、系统设计出力、实际出力、设备运行现状或稳定性、主要设备配置情况等基础资料。

该系统有无升级改造需求、计划改造内容、改造原因？

收集原水预处理系统进、出水水质资料。目前该系统产生的废水去向、污泥去向。

2. 再生水（中水）深度处理系统

收集整理该系统主要工艺流程图、系统设计出力、实际出力、实际处理量、设备运行现状或稳定性、主要设备配置情况等基础资料，格式参照表5-1、表5-2。

该系统有无升级改造需求、计划改造内容、改造原因？

收集该系统进、出水水质资料。目前该系统产生的废水去向、污泥去向。

表 5-1　再生水（中水）深度处理系统参数表

序号	中水水源	水量（m³/h）	中水系统处理量		主要用水去向
			设计值（m³/h）	实际值（m³/h）	

表 5-2　再生水（中水）水深度处理系统出水水质表

分析日期	pH 值	电导率（μS/cm）	悬浮物含量（mg/L）	CODcr量（mg/L）	氨氮含量（mg/L）	总磷含量（mg/L）	总氮含量（mg/L）

3. 循环水系统

概述主机循环水系统组成、工艺流程，该系统主要设备参数、凝汽器等冷却设施材质等相关基础资料，主机循环供水系统设备设施运行方式、系统外排水量、补给水量等运行数据。

4. 循环水处理系统

概述总循环水量、循环水处理方式、加药类型、药剂用量、循环水浓缩倍数控制指标值等。

近三年是否进行过循环水动态模拟试验,试验后是否依据试验结果进行运行调整? 试验结果作为附件。

5. 循环冷却排水处理及回用系统

是否设置有循环冷却水排水处理及回用系统,若有,则概述循环冷却排水处理主要工艺流程图、设计出力、实际出力、实际处理量、设备运行现状或稳定性、主要设备配置情况等资料。

循环冷却水排水经处理后或直接回用的途径。

系统运行存在的主要问题有哪些? 有无升级改造需求?

循环水排污水水质或处理系统排水(浓水)水质分析表。

6. 锅炉补给水处理系统

收集整理锅炉补给水处理系统主要工艺流程图、系统设计出力、实际出力、实际处理量、设备运行现状、主要设备配置情况等基础资料,格式参照表5-3。

表 5-3 锅炉补给水系统数据表

序号	水源	总来水量 (m³/h)	补给水系统制水量		出水水质		
			设计值 (m³/h)	实际值 (m³/h)	电导率 (μS/cm)	总有机碳 TOC_i 含量 (μg/L)	二氧化硅 SiO_2 含量 (μg/L)

该系统运行存在的主要问题及改进提升计划,系统进、出水

水质资料。目前该系统各工艺段产生的废水去向。

再生废水系统废水水量、废水去向、利用途径，格式参照表 5-4、表 5-5。

表 5-4　　　　　再生废水系统数据表

序号	再生周期	废水水量（m³/h）	实际处理量（m³/h）	处理后去向	设备或设施运行状况

表 5-5　　　　　再生废水经处理后水质表

序号	pH 值	电导率（μS/cm）	悬浮物含量（mg/L）	氯离子含量（mg/L）	钠离子含量（mg/L）

7. 凝结水精处理系统

收集整理凝结水精处理系统主要工艺流程图、系统设计出力、实际出力、实际处理量、设备运行现状、主要设备配置情况等基础资料。

该系统运行存在的主要问题及改进提升计划。

8. 热力系统

收集整理热力系统主要工艺流程图、系统设计出力、实际出力、实际处理量、设备运行现状、主要设备配置情况等基础资料。

9. 生活消防给水系统

收集整理生活消防给水系统主要工艺流程图、系统设计出力、实际出力、实际处理量、设备运行现状、主要设备配置情况等基础资料。

该系统运行存在的主要问题及改进提升计划。

10. 脱硫工艺用水及脱硫废水处理系统

收集整理脱硫废水处理系统主要工艺流程图、系统设计出力、实际出力、实际处理量、设备运行现状或稳定性、主要设备配置情况等基础资料，格式参照表5-6、表5-7。

脱硫系统工艺水水源包括哪些？脱硫系统废水产生量是多少？火电厂灰渣、石膏综合利用情况如何？处理后的脱硫废水去向，是否满足环评批复及排污许可要求？

表 5-6   **脱硫废水处理系统数据表**

序号	设计水量（m³/h）	实际处理量（m³/h）	处理后水去向	设备或设施运行状况	存在主要问题

表 5-7   **脱硫废水系统出水监测指标**

序号	pH值	总汞含量（mg/L）	总镉含量（mg/L）	总砷含量（mg/L）	总铅含量（mg/L）	流量（m³/h）

11. 工业废水处理系统

收集整理工业废水处理系统主要工艺流程图、系统设计出力、实际出力、实际处理量、设备运行现状或稳定性、主要设备配置情况等基础资料，格式参照表5-8、表5-9。

该系统处理的工业废水包括哪些？该系统运行过程中存在的主要问题是什么？有无升级改造需求、计划改造内容、改造原因？

经工业废水处理系统处理后废水出水水质资料。经处理后的废水回用、复用途径。

175

表 5-8 　　　　工业废水系统数据表

序号	工业废水来水水源	设计水量（m³/h）	实际处理量（m³/h）	设备或设施运行状况	处理后水去向

表 5-9 　　　　工业废水系统出水水质表

序号	pH 值	电导率（μS/cm）	悬浮物含量（mg/L）	CODcr量（mg/L）	石油类含量（mg/L）	氟化物含量（mg/L）

注　氟化物根据地方环保要求可选填。

12. 生活污水处理系统

收集整理生活污水处理系统工艺流程图、系统设计出力、实际出力、实际处理量、设备运行现状或稳定性、主要设备配置情况等基础资料，格式参照表 5-10、表 5-11。

该系统运行过程中存在的主要问题，存在问题原因分析，有无升级改造需求、计划改造内容、改造原因。

经处理后的生活污水出水水质、回用途径，各季节是否均能全部回用。

表 5-10 　　　　生活污水系统数据表

序号	设计水量（m³/h）	实际处理量（m³/h）	处理后去向	设备或设施运行状况	各季节是否均能全部复用

表 5-11　　　　　生活污水处理系统出水水质表

序号	BOD₅量（mg/L）	悬浮物含量（mg/L）	CODcr量（mg/L）	氨氮含量（mg/L）	总磷含量（mg/L）	总氮含量（mg/L）	石油类含量（mg/L）

13. 含油废水处理系统

收集整理含油废水处理系统主要工艺流程图、系统设计出力、实际出力、实际处理量、设备运行现状或稳定性、主要设备配置情况等基础资料，格式参照表 5-12。

该系统处理的含油废水来源，该系统运行过程中存在的主要问题，有无升级改造需求、计划改造内容、改造原因。

经含油废水处理系统处理后废水出水水质资料。经处理后的废水回用、复用途径。

表 5-12　　　　含油废水处理系统数据表

序号	设计水量（m³/h）	实际处理量（m³/h）	处理后去向	设备或设施运行状况	存在主要问题

14. 含煤废水处理系统

收集整理含煤废水处理系统工艺流程图、系统设计出力、实际出力、实际处理量、设备运行现状或稳定性、主要设备配置情况等基础资料，格式参照表 5-13。

该系统运行过程中存在的主要问题，存在问题原因分析，有无升级改造需求、计划改造内容、改造原因。

运行过程中系统补水的来源。经处理后的含煤废水是否复用至输送系统冲洗、是否做到了闭式循环，无溢流。

表 5-13　　　　含煤废水处理系统数据表

序号	设计水量（m³/h）	实际处理量（m³/h）	处理后去向	设备或设施运行状况	存在主要问题

15. 冲渣废水处理系统

冲渣系统有无处理设施，若有，收集整理冲渣废水处理系统主要工艺流程图、系统设计出力、实际出力、实际处理量、设备运行现状或稳定性、主要设备配置情况等基础资料，格式参照表5-14。

冲渣水补水来源，冲渣废水是否做到无溢流？冲渣水系统运行中的主要问题。

表 5-14　　　　冲渣废水处理系统数据表

序号	设计水量（m³/h）	实际处理量（m³/h）	处理后去向	设备或设施运行状况	存在主要问题

16. 水系统计量表计配置情况

全厂水系统计量表计配置情况统计汇总。依据 DL/T 5513—2016《发电厂节水设计规程》、DL/T 606.5—2024《火力发电厂能量平衡导则　第 5 部分：水平衡试验》核对全厂水系统主要计量表计配置是否缺失，并简要说明全厂仪表配置情况。

全厂水系统计量表计配置台账，格式参照表5-15。

表 5-15　　　　全厂水系统计量表计配置表

序号	系统	表计位置	表计类型	精度	是否可用	备注

17. 其他

厂区地下管网是否不同管道相对独立、雨污是否分流、有无地下管网破裂现象、有无管道存在泄漏风险？

全厂水处理系统存在的其他问题，应对措施及建议。

六、全厂水务系统存在问题及建议汇总

××电厂（公司）全厂水务系统存在问题及建议汇总见表6-1。

表 6-1　　××电厂（公司）全厂水务系统存在问题及建议汇总表

序号	系统名称	主要问题	建议	初步预估费用	备注
1	环保政策				
2	水耗指标				
3	水务管理				
4	取水系统				
5	原水预处理系统				
6	再生水深度处理系统				
7	循环水处理系统				
8	循环冷却排水处理及回收系统				

续表

序号	系统名称	主要问题	建议	初步预估费用	备注
9	锅炉补给水处理系统				
10	工业废水处理系统				
11	生活污水处理系统				
12	含煤废水处理系统				
13	含油废水处理系统				
14	冲渣废水处理系统				
15	脱硫废水处理系统				
16	计量表计配置				
17	外排废水				
18	…				

七、基本评价和评定等级

主要汇总电厂与环评批复、排污许可证、取水许可证、国家及地方环保政策要求不一致的问题等。对火电厂水务管理与污染防治进行基本评价和等级评定（等级评定见表7-1）。

评价结论应至少包含以下内容：

（1）总体建议，如尽快开展水平衡试验工作，启动××，优化××××系统，如何做……、关门要求、验收……、后评估（集团备案，提出时间点）等。

（2）管理方面

（3）优化方面

（4）治理方面

（5）取证方面

表 7-1			××电厂评价及评定等级表					
环评批复相关要求及现状	取水许可证相关要求及现状	排污许可证相关要求及现状	地方环保要求及现状	是否环境敏感区域	水耗指标,是否满足国家取水定额要求	评价得分率	基本评价	评定等级
环评要求: 现状:	排污许可: 现状:	排污许可: 现状:	地方环保政策: 现状:		单位发电量耗水量: 国家取水定额:			

节水管理及评价资料清单

一、政策文件类资料

政策文件类资料见表 12-1。

表 12-1　　　　　　政 策 文 件 类 资 料

序号	资 料 清 单
1	环评报告、环评批复、环评验收文件
2	排污许可证副本、排污台账、排污许可执行报告［年度报告、半年报告、季度（或月度）报告］
3	取水许可证
4	地方或流域与电厂相关的环保政策文件（提供与电厂相关的内容复印件）、地方政府下达的环保整改文件或要求

二、管理类资料

管理类资料见表 12-2。

表 12-2　　　　　　管 理 类 资 料

序号	资 料 清 单
1	水务管理组织机构设置及分工文件
2	水务管理制度文件（管理办法、工作标准、考核制度等）

序号	资 料 清 单
3	电厂取、用、排水管理台账记录（至少近期连续一年）
4	电厂水系统指标异常分析会议相关会议纪要、分析报表等
5	最近一次水平衡试验报告
6	电厂中长期节水规划文件
7	再生水系统运行台账

三、指标类资料

指标类资料见表 12-3。

表 12-3　　　　　　　指 标 类 资 料

序号	资 料 清 单
1	日、月、年度取水量统计台账及对应发电量台账，单位发电量取水量日、月度、年度台账记录，水耗指标对比分析会议记录或分析表
2	复用、回用水量分系统统计台账记录
3	汽水损失率统计记录，锅炉补水量台账记录，热网运行记录及补水量
4	化学水处理系统补水量、制水量等运行台账记录
5	废水排放自行监测台账记录

四、设备管理类资料

设备管理类资料见表 12-4。

表 12-4　　　　　　　设 备 管 理 类 资 料

序号	资 料 清 单
1	原水预处理系统
	系统原设计说明书、系统图、总布置图、系统主要设备参数表
	系统运行规程

续表

序号	资 料 清 单
1	系统运行台账记录（含进出水水质分析）
	系统检修、维护记录
2	再生水深度处理系统
	系统原设计说明书、系统图、总布置图、系统主要设备参数表
	系统运行规程
	系统运行台账记录（含进出水水质分析）
	系统检修、维护记录
3	循环水处理系统
	系统原设计说明书、系统图、总布置图、系统主要设备参数表
	系统运行规程
	循环水系统动态模拟试验报告
	系统运行台账记录（含水质分析）
	循环水回用使用流量统计台账
	系统检修、维护记录
4	锅炉补给水处理系统
	系统原设计说明书、系统图、总布置图、系统主要设备参数表
	系统运行规程
	系统运行台账记录（含水质分析）
	系统检修、维护记录
5	凝结水精处理系统
	系统原设计说明书、系统图、总布置图、系统主要设备参数表
	系统运行规程
	系统运行台账记录（含水质分析）
	系统检修、维护记录
6	热力系统

序号	资 料 清 单
6	热力系统疏水、锅炉定连排污台账、回用统计表
	生活给水系统
	全厂人员统计表
	生活水泵运行记录
	生活给水流量统计表
	生活给水用于辅助生产情况说明
7	消防给水系统
	消防水泵（含稳压泵、主消防水泵）运行记录
	消防水用于其他系统情况说明及统计
8	脱硫用水及废水系统
	脱硫工艺用水量统计台账
	脱硫废水处理系统原设计说明书、系统图、总布置图、系统主要设备参数表
	脱硫系统运行规程、脱硫废水处理系统运行规程
	系统运行台账记录（含水质分析）
	脱硫废水监测台账
	系统检修、维护记录
9	工业废水处理系统
	工业废水水量统计台账
	系统原设计说明书、系统图、总布置图、系统主要设备参数表
	系统运行规程
	系统运行台账记录（含水质分析）
	处理后回用台账或回用情况说明
	系统检修、维护记录
10	生活污水处理系统

续表

序号	资　料　清　单
10	系统原设计说明书、系统图、总布置图、系统主要设备参数表
	系统运行规程
	系统运行台账记录（含水质分析）
	处理后回用台账或回用情况说明
	系统检修、维护记录
11	含油废水处理系统
	系统原设计说明书、系统图、总布置图、系统主要设备参数表
	系统运行规程
	系统运行台账记录（含水质分析）
	处理后回用台账或回用情况说明
	系统检修、维护记录
12	含煤废水处理系统
	系统补水水源情况说明及各类水用量统计表
	系统原设计说明书、系统图、总布置图、系统主要设备参数表
	系统运行规程
	系统运行台账记录（含水质分析）
	处理后回用台账或回用情况说明
	系统检修、维护记录
13	灰渣水系统
	系统补水水源情况说明水量统计表
	系统运行规程
	系统检修、维护记录
14	雨水系统
	雨水利用情况说明及统计表
	雨水排水泵（雨水回用泵）运行、检修、维护记录

五、计量管理类资料

计量管理类资料见表 12-5。

表 12-5　　　　　计量管理类资料

序号	资　料　清　单
1	计量管理制度文件
2	全厂计量点图
3	全厂用水计量仪表台账、校验和维护记录台账

六、其他

（1）电厂基建后关于水系统改造情况介绍（附相关系统改造方案、内容、改造后使用情况说明等内容）。

（2）全厂水资源梯级利用情况介绍。

（3）发电水费、运行维护费用、排污（环保）费税缴纳等费用明细表。

（4）其他与查评相关的资料。

附录1 节水标准清单

类别	级别	标准号	标 准 名 称
指标控制类	国家标准	GB/T 18916.1	《取水定额 第1部分：火力发电》
		GB 18918	《城镇污水处理厂污染物排放标准》
		GB 8978	《污水综合排放标准》
		GB /T 19923	《城市污水再生利用 工业用水水质》
		GB 3838	《地表水环境质量标准》
	行业标准	HG/T 3923	《循环冷却水用再生水水质标准》
		DL/T 997	《燃煤电厂石灰石-石膏湿法脱硫废水水质控制指标》
设计技术类	国家标准	GB 50335	《城镇污水再生利用工程设计规范》
		GB/T 50102	《工业循环水冷却设计规范》
		GB/T 31329	《循环冷却水节水技术规范》
		GB/T 50977	《化学工程节水设计规范》
		GB 50049	《小型火力发电厂设计规范》
		GB 50660	《大中型火力发电厂设计规范》
		GB/T 50619	《火力发电厂海水淡化工程设计规范》
		GB /T 50050	《工业循环冷却水处理设计规范》
		GB/T 50109	《工业用水软化除盐设计规范》
		GB 50013	《室外给水设计标准》
		GB 50335	《城镇污水再生利用工程设计规范》
	行业标准	DL 5068	《发电厂化学设计规范》
		DL/T 5046	《发电厂废水治理设计规范》

续表

类别	级别	标准号	标 准 名 称
设计技术类	行业标准	DL/T 5196	《火力发电厂石灰石-石膏湿法烟气脱硫系统设计规程》
		DL/T 5513	《发电厂节水设计规程》
		DL/T 5339	《火力发电厂水工设计规范》
运行管理类	国家标准	GB/T 29749	《工业企业水系统集成优化导则》
		GB/T 28284	《节水型社会评价指标体系和评价方法》
		GB/T 18870	《节水型产品通用技术条件》
		GB/T 26925	《节水型企业　火力发电行业》
		GB/T 18820	《工业用水定额编制通则》
		GB /T 24789	《用水单位水计量器具配备和管理通则》
		GB/T 21534	《节约用水　术语》
		GB/T 12452	《水平衡测试通则》
		GB/T 7119	《节水型企业评价导则》
		GB/T 6903	《锅炉用水和冷却水分析方法　通则》
	行业标准	DL/T 1337	《火力发电厂水务管理导则》
		GB/T 35580	《建设项目水资源论证导则》
		DL/T 606.5	《火力发电厂能量平衡导则　第5部分：水平衡试验》
		HG/T 3778	《冷却水系统化学清洗、预膜处理技术规则》
		DL/T 783	《火力发电厂节水导则》
		DL/T 794	《火力发电厂锅炉化学清洗导则》
		JB/T 11392	《脱硫废水处理设备》

附录 2　节水技术路线及回用途径

序号	废水分类	推荐处理技术路线	回用途径
1	循环冷却系统排水	（1）混凝—澄清—过滤—达标排放。 （2）石灰混凝澄清—过滤—达标排放。 （3）石灰混凝、生物滤池、臭氧—生物活性炭或高级氧化等工艺或组合工艺—达标排放。 （4）预处理-膜脱盐（反渗透、电渗析、纳滤等）处理后回用	湿法脱硫、输煤冲洗、煤场喷洒、湿式除渣、干灰调湿等
2	生活污水	（1）二级处理可采用：调节池或初沉池—缺（厌）氧池—生物接触氧化池—二沉池—消毒池。 （2）深度处理可采用： 1）调节池或初沉池—缺（厌）氧池—生物接触氧化池—二沉池—消毒池—过滤器； 2）调节池或初沉池—MBR—消毒池	绿化用水、循环冷却水系统的补充水、生产杂用水
3	冲渣废水	混凝沉淀—过滤	系统内重复利用
4	含煤废水	（1）预沉淀—混凝—澄清—过滤、微滤、超滤。 （2）预沉淀—电子絮凝—沉淀—过滤	系统内循环利用
5	含油废水	含油污水—隔油池—油水分离器/气浮池/油污水净化装置—过滤器	循环利用、煤场喷洒等
6	脱硫废水	（1）石灰石-石膏湿法脱硫废水常规处理工艺流程为：预沉池/废水箱—pH值调整箱—反应箱—絮凝箱—澄清浓缩池（器）—最终中和/氧化箱—出水池。 （2）海水烟气脱硫处理系统：混合池—曝气池—排放渠	干灰调湿、灰场喷洒、冲渣水、冲灰水或达标排放

续表

序号	废水分类	推荐处理技术路线	回用途径
7	经常性工业废水	（1）废水调节池—酸碱中和—斜板澄清器（加絮凝剂、助凝剂）—中间水池—气浮池（加絮凝剂）—清水池—过滤器； （2）废水调节池—酸碱中和—斜板澄清器（加絮凝剂、助凝剂）—清水池—过滤器	干灰调湿、煤场喷洒、输煤冲洗、脱硫工艺水等
8	非经常性工业废水	（1）废水调节池—斜板澄清器（加絮凝剂、助凝剂）—中间水池—气浮池（加絮凝剂）—清水池—过滤器； （2）废水调节池—斜板澄清器（加絮凝剂、助凝剂）—清水池—过滤器	干灰调湿、煤场喷洒、输煤冲洗、脱硫工艺水等

参 考 文 献

[1]郭新茹，张建辉. 火电厂水平衡试验要点及案例分析. 北京：中国电力出版社，2023.

[2]华电郑州机械设计研究院有限公司. 燃煤机组末端废水处理可行性研究与工程实例. 北京：中国电力出版社，2020.

[3]中国电力企业联合会. 中国火电节水和水污染防治报告. 北京：中国统计出版社，2019.

[4]中国电力企业联合会. 中国电力统计年鉴 2021. 北京：中国统计出版社，2021.

[5]中国电力企业联合会. 中国电力统计年鉴 2022. 北京：中国统计出版社，2022.

[6]中国电力企业联合会. 中国电力统计年鉴 2023. 北京：中国统计出版社，2023.